先进材料科普丛书

探索先进材料的奥秘 2

主　编　韩雅芳　潘复生

副主编　唐　清　魏丽乔

编　委（按姓氏笔画排序）

王　旭　王　栋　王继扬　毛宏理　田　冲

朱　锦　刘建国　刘　爽　那海宁　杜兆富

李伟东　李　赫　杨博文　张文武　张劲松

陈学思　陈晓红　武　英　罗宏杰　施剑林

顾忠伟　徐奕辰

指导单位　中国科学技术协会科学技术普及部

中国科学技术大学出版社

内 容 简 介

本书由多位院士和从事材料研发的科学家撰写，介绍了当前和未来有较大应用价值的先进材料及相应的应用技术，主要包括生物材料、新能源材料、环境材料、高分子材料、先进复合材料、特种功能材料以及材料设计和制备技术等领域。所选内容既有我国已经取得的一批革命性技术成果，也有国际前沿材料、先进材料的研究成果。本书深入浅出地阐释了新材料的源起、范畴、定义和应用领域，并配有引人入胜的小故事和原创图片，可以让广大读者特别是青少年更好地学习和了解前沿新材料。

图书在版编目（CIP）数据

探索先进材料的奥秘．2 / 韩雅芳，潘复生主编．-- 合肥 ：中国科学技术大学出版社，2025.4. -- ISBN 978-7-312-06276-6

Ⅰ．TB3

中国国家版本馆CIP数据核字第2025VU5486号

探索先进材料的奥秘（2）

TANSUO XIANJIN CAILIAO DE AOMI（2）

出版　中国科学技术大学出版社
安徽省合肥市金寨路96号，230026
http://press.ustc.edu.cn
https://zgkxjsdxcbs.tmall.com

印刷　安徽国文彩印有限公司

发行　中国科学技术大学出版社

开本　787 mm × 1092 mm　1/16

印张　10.5

字数　188千

版次　2025年4月第1版

印次　2025年4月第1次印刷

定价　60.00元

序

材料是人类文明的物质基础，是人类物质文明发展划时代的里程碑。人类历史上的石器时代、青铜器时代、铁器时代等都是将材料作为划分的重要标志。人类社会的发展史，就是一部人类认识、创制、开发和利用材料的历史，新材料的发明、开发和应用，把人类认识和利用自然的能力提升到新的水平。

材充寰宇，料满天下。我们生活的这个世界，材料无处不在。小到纳微米尺寸的半导体集成电路芯片，大到数十米的火箭、卫星、飞机，甚至上百米的舰船和风驰电掣的高速列车；从人们居住的房屋、穿着的服装，到手中的手机、桌上的电脑，再到乘坐的汽车、操纵的各种机器，人类社会的方方面面无不与材料密切相关。想象一下，一旦失去了各类材料的支撑，现代社会的一切特征将会瞬间消失。

材料改变未来，这不仅是人们的一种美好愿景，也是未来新材料发展的必然结果。随着科技的进步，新材料不断涌现，在促进经济社会可持续发展和提升人们的生活品质等方面发挥着重要作用，成为支撑现代高新技术和产业发展的基础和先导。正所谓“一代材料，一代技术，一代装备”。新材料产业也被列为国家重点发展的战略性新兴产业。

普及新材料知识、弘扬科学精神、提高全民科学素质已成为时代发展的必需。“先进材料科普丛书”的出版，旨在启发广大青少年对材料世界的认知，激发他们的兴趣，吸引更多有志青年投身到新材料事业中来。同时，丛书也面向广大非材料科学领域的科技工作者、管理者和企业家，为他们提供有益的参考。

作者系长期在一线从事新材料科学研究、教育与产业化工作的优秀科学家、教育家和工程师。丛书的内容主要包括新能源材料、生物材料、节能环保材料、信息材料、航空航天材料等领域的新知识。丛书将引导读者进入神奇的材料世界:含有数以亿计的微纳晶体管的小小芯片,具有救死扶伤神奇功效的材料,能让人来无影去无踪的隐身“斗篷”等;此外,还会让读者领略到人工智能、仿生科技、节能环保、生物医疗等领域用到的神奇材料。凡此种种,无不展现出材料世界的精彩,让读者感受和认知材料知识的博大精深,体验材料王国的神奇。

材料让生活更美好。请敞开心扉,在神秘的材料世界里尽情遨游吧!

干　勇

中国工程院院士

目　录

从远古走向未来
——材料发展简史

韩雅芳　魏丽乔*

材料是人类社会赖以生存和发展的基础。人类从其出现开始，为了获得和制备食物、工具，以及制造衣物和房屋，学会了利用自然材料(图1)，并在此基础上进行加工、改造和改性，又创造出许多新的材料。人类在利用和创造新材料的过程中，也加速了自身的发展。

图1　原始社会人类用自然材料生存

* 韩雅芳，北京航空材料研究院教授。
魏丽乔，太原理工大学教授。

材料的发展与历史时代

材料的发展与人类社会的进步密不可分。人们常按使用的材料来划分社会发展的不同时代。

1.木石并用时代

人类的早期发展延续了三四百万年，经历了第四纪冰川的四、五大冰川时期。为了与自然进行斗争，古代人利用天然的木材制造木矛，并学会了打制有锐利边缘的石块或石片(如云南元谋人遗址、山西芮城西侯度遗址曾出土大量打制石器，图2)。到70万年前山西芮城居住在匼河村的先民们制作了狩猎用石球。在旧石器时代的晚期制造细石器的技术和利用离心力的飞球技术传播到西藏、新疆、东北等地区，也影响了北美洲的石器制作。在此以后的8万～10万年中，先民们利用植物纤维结构的弹性、细石簇的硬度和箭杆的稳定作用发明了弓箭。非洲西北岸阿替林文化人可能是最早的弓箭发明人。在中国，弓箭早在2万年以前已出现(中国最早的弓箭实物证据来自山西峙峪遗址，约2.8万年前)，距今2万年左右以下川文化为代表的山西中条山一带是弓箭技术成熟的代表。

图2　木石并用

正如恩格斯所指出的，弓箭是人类获取食物的一项非常重要的发明，也是在人类还处于初始发展阶段时利用材料多种性能的一种复杂构件。从商周开始，中国人利用不同材料以复合材料的形式制造了强有力的弓(图3)，有的弓长度达到160厘米，并制造出张弓待发的弩机，以及用青铜、铁制作且用铅增重的箭头(图4)，最后发展到利用火箭原理发射的箭。

图3　用弓箭射猎

图4　用青铜、铁制作的箭头

2. 陶器时代

10000～12000年前，距今最近一次的冰河后退，使农业得到了发展，从而促使了人类定居，并利用土壤及其加热改性进行房屋建造，磨制石器，制造生活用具。人口的增加，城镇的出现，新的需要催生了砖和焙土的发明。约在10000年前，在古埃及和古巴比伦一带制造出利用草料纤维加入黏土（图5）、用日照烘晒成的砖。4000年前古印度的左哈拉巴文化建筑使用了砖。中国河南郑州附近大河村仰韶文化后期（约5000年前），房屋墙用圆木立柱、柱间附加芦苇束，里外涂抹草泥，最后用火烘烤硬化而成。至迟在2500年前的战国时期出现了砖。西汉用砖铺地，砖在东汉起成为民间常用建筑材料。

图5　黏土砖

中国在制砖技术上还发展了先用氧化气氛烧制后改用还原气氛制成青砖的技术，提高了砖的耐水度。增加砖的致密度，改善砖的传热、耐热和耐磨性能是制砖技术的又一大进步。故宫所用的地砖是以粉碎的细黏土压制后，经过多次烧结冷却循环，再用桐油填充硬化而成的，具有特殊的优良性能。

可能由于原始陶器的制作较为简单（图6），中国在制砖以前，在7500年前的裴里岗-磁山文化就已出现了陶器，在仰韶-龙山文化（四五千年前）制陶技术已达到较高水平，出现了薄如蚕壳的龙山黑陶。商代后期有些地方使用了高岭土制陶；筑窑技术的进展，烧成温度的提高，又促进了原始瓷器的出现。东汉时期（1800年前）出现了以高岭土（即瓷土）为原料，经高温烧成的瓷器，并陆续发明了多种着色和上釉技术。大量瓷器通过海路运往中东、非洲和欧洲，不仅促进了贸易和友好往来，更促进了欧洲对瓷器的研究、仿制和发展。

图6　原始陶器制作

3. 青铜器时代

进入陶器时代不久，人类从自然存在的金、铜发现了金属和矿石的关系，学会了用金属矿石冶炼金属。冶铜、冶铁技术的出现，极大地发展了生产力，改进了工具，促进了农业的发展，改善了人类生活条件。

6000～7000年前，在现今伊朗至两河流域上游一带出现了铜的冶炼技术，在此之前的1000年人们已经发现了在铜矿中广泛存在的自然铜。中国冶铜最早出现的时代还有待确定，在距今5000～5500年间。两河流域乌尔王墓(4800年前)中的殉葬品已发现有含锡青铜(图7)。中国兰州附近马家窑文化遗址中也已出现了最早的锡青铜刀(图8)和炼铜残渣。在距今4000～4200年前，中国进入了青铜时代，比欧洲富锡地区略早几个世纪(欧洲约在3800年前进入青铜时代)。

图7　青铜鼎

图8　锡青铜刀

4. 铁器时代

地球上自由存在的铁主要是来自宇宙空间的陨铁(图9)。人类进入铁器时代是在发明冶铁技术之后。在西亚各地发现的铁器(陨铁制品，非人工冶炼)可以追溯到公元前25世纪中叶，距今约4500年。冶铁技术真正的发展起源于现今土耳其中部，距今3350年或稍早一点，公元前1200—前1000年间向巴尔干半岛及南欧传播。古埃及、中国都在公元前8世纪中叶进入铁器时代。然而，铁器的重大发展则是在2500多年前发明生铁(图10)以后，它影响了世界农业和人口分布以及经济和政治的发展。

图9　陨铁石

图10　生铁

5. 铁-硅时代

铁器时代从公元前10世纪一直延续到今天。由于铁在地壳资源中的分布广泛，铁的本质特性(过渡族金属元素)和冶炼金属过程的热力学条件等优越性，铁及其合金作为人类文明的基础将持续发挥作用。它将局部地被具有特殊优越性能的某些材料所代替，例如在某些耐蚀要求下为钛所替代，在石油资源许可条件下以高分子聚合物代替钢铁作为构件材料等。随着科学技术的进步，信息的传送以及以自然力代替人力所需要的感测和施控的器件和材料日益重要。在这一过程中，以硅为代表的一系列半导体与其他功能材料(图11、图12)将对人类生活和文化发挥重大影响。因此，人们又常因为此特点而将这一时代称为铁-硅时代。

图11　硅铁石

图12　二氧化硅石

传统材料的发展

在人类社会发展历程内，人们通过实践，大约以80%的时间认识了大自然提供的物质材料并加以初步利用，以19%的时间加以发展，建立了现代文明的基础。在最后的1%时间里建立起了对材料的基本认识，开始了对新材料的创造、设计与合成。

1. 天然纤维

(1) 羊毛是人类最早利用的纤维。8000年前的新石器时代早期，东亚细亚人已经开始使用羊毛制品。羊毛具有弹性(图13)，它的结构(图14)有利于制毡。羊毛经过梳理，可纺织成衣物面料。

(2) 麻是人类首先从野生多年生品种培育改良为一年生的纤维性植物(图15、图16)。中国黄河流域是麻的原产地。西安半坡出土的6000年前的陶器上有麻布的压痕。浙江吴兴钱山漾遗址的良渚文化已同时出土了5000年前的麻、丝织物。麻布于5200年前出现于古埃及，4700年前出现于欧洲。

图13　羊毛原毛

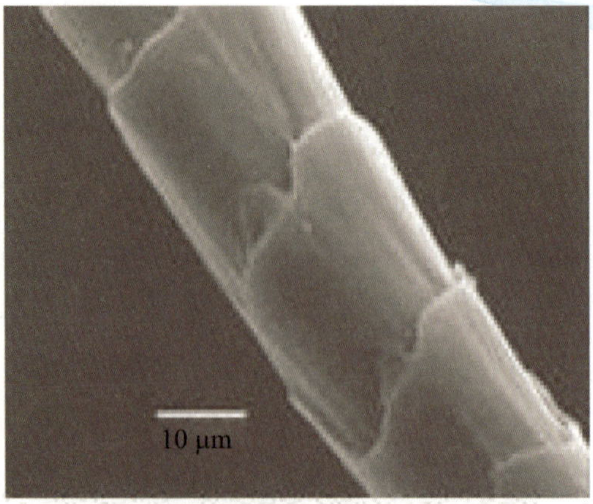

图14　高分辨电子显微镜下的羊毛微观结构

图15　麻植物

图16　未经处理的麻皮和脱胶后的麻纤维

（3）棉纤维。棉纤维的特点是纺纱时每毫米可以经受10个扭绕，比需要经过发酵、去胶、分纤的麻，其加工过程简单且容易操作。早在4500年前，印度河流域已使用棉布，并从那里向世界传播。500年前哥伦布登上美洲土地时，发现当地居民也使用棉布。中国原有形似物异的土棉或木棉(或称攀枝花)(图17)。印度古文明使用的棉于6世纪经中亚细亚传入中国。

图17　原棉花植物、原棉纱和棉线

(4) 蚕丝。常用的动物纤维中，除羊毛外还有蚕丝。育蚕缫丝是中国人对人类的重大贡献(图18)，其织品通过海陆丝绸之路在古代中外文化交流中发挥了巨大的作用。在良渚文化早期遗址(约5000年前)太湖流域，已有了家蚕丝的织物。野蚕丝也可用于纺织，主要产于中国和印度。

图18　蚕丝和丝绸

蚕丝具有很高的拉伸强度(相当于高温钢丝的2～3倍)，弹性和光泽比棉麻等好，具有较高的保暖性。将每根长达1千米的蚕丝从结构牢固的蚕茧中抽出，再合并成为每千米只有1.5克的细丝，最后织成织品，这是中华民族劳动人民的一项无与伦比的伟大创造 。

(5) 漆和桐油。漆和桐油是古代制作复合材料的一类重要原料，是中国先民最早使用的另一类天然材料。漆是漆科漆树的分泌物(图19)，含有漆醇，会在日光作用下变黑。

图19　漆树和割胶

在河姆渡文化(浙江，距今7000年)、良渚文化(江浙，距今4500年)和北方夏家店文化(辽宁，距今3700～3900年)中都使用了漆器。到战国时，精密漆器应用广泛，取代了青铜器。以漆为原料的艺术品(图20)从商周一直延续到现代，其历史绵续长久。

图20　漆具

桐油是从油桐种子(图21)榨出的,在空气中硬化后形成油膜。桐油的使用始于中国。诗经中已有"梓桐梓漆"之句,表明在周代人们已经使用桐油作为涂料(图22)。在近代合成油漆出现以前,以桐油制成的大漆一直是性能优良的耐腐蚀涂料。

图21　桐树及桐果

图22　炼制桐油

(6) 陶瓷。大约1万年前,人类在地中海东岸首先制成了砖,随后在8000~8500年前在今土耳其Anatolia和伊朗西部Zagros出现了陶器。中国在河南裴里岗文化、河北磁山文化(距今7500~8000年)及稍后的浙江河姆渡文化遗址中,都已发现不太原始的陶器,有碗、钵、罐,但仍系手制,素面无釉,于700~960 ℃下烧成(图23)。发展到6500年前黄河中游仰韶文化、上游甘肃马家窑文化时期,已出现精美的彩陶(图24)。在距今5000~6000年间,开始使用轮制工艺,并以还原气氛烧制成黑陶,有的黑陶薄如蛋壳。

图23 制作陶器的原料及过程

陶器虽然后来发展成为瓷器，但由于受到原料限制，陶器一直是大规模使用的材料。宋代，江苏宜兴南部发现了含铁量较大、可塑性良好的紫泥，以此为原料用较高的烧成温度(1150 ℃)制造出了闻名于世界的紫砂陶器(图25)。

中国制陶技术发展到商代后期，由于烧成温度的提高，原料局部形成玻璃态，成为具有局部瓷器性质的高温陶器。元代景德镇瓷器克服了过去重釉轻胎的倾向，在白瓷胎料中加入高岭土，提高烧成温度以减少变形，同时提高了源于唐代使用氧化钴的青花技术，一改过去仿玉的单色釉，发展了颜色釉，并使绘画与瓷器结合，达到了艺术和工艺互融的境界(图26)。随着19世纪冶金电力工业的兴起，陶瓷成为新型工业用料，如耐火材料、绝缘子等，相继发明了硅砖、镁砖、铬砖等。20世纪50年代，为代替铬镁砖，中国创制了铝镁砖和高铝砖，为中国及世界陶瓷技术做出了新的贡献。

图24 彩陶

图25 紫砂陶器

图26 青花瓷

(7) 玻璃。约5000年前，西亚地区开始以玻璃作为容器和建筑材料。在美索不达米亚，距今4000年前人们开始使用氧化钴作为蓝色釉及玻璃的着色剂。古埃及在3500年前首先在金属棒的泥坯上粘上熔融的玻璃，在金属板上碾捻成瓶。腓尼基人在2300年前用草木灰代替钠石，并发明了用金属管吹制瓶子的方法。公元前1世纪，玻璃制造业中心从腓尼基移到罗马，除艺术品和容器外，人们还利用其透明性制成了窗玻璃、棱镜和放大透镜。在此之前，在公元前1世纪，希腊已利用透明石英磨制成焦距不同的放大用凸透镜。12世纪初，威尼斯成为欧洲玻璃制作中心，并达数世纪之久。

中国最早的玻璃珠出现于周代，并且中国发展出独特的氧化铅-氧化钡玻璃（图27）。战国初期（公元前5世纪初），越王勾践所用的青铜剑已铸镶有水平极高的以钴为着色剂的钠钾玻璃饰珠（图28）。

图27　氧化铅-氧化钡玻璃

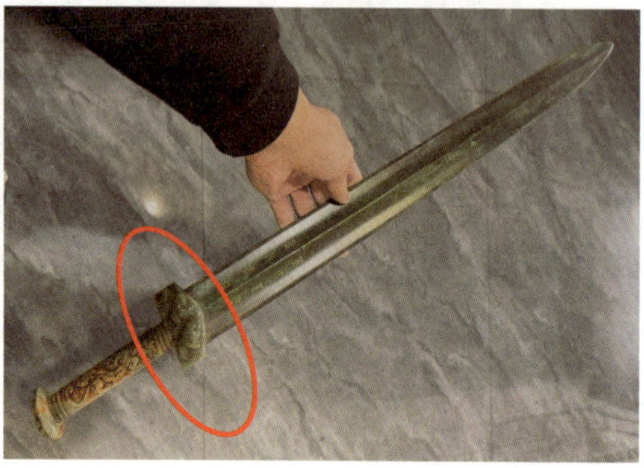

图28　越王勾践使用的青铜剑
（红圈内为钠钾玻璃饰珠）

现代玻璃工业的发展始于1856年，德裔的英国西门子兄弟发明了利用废气余热的蓄热室，用以提高熔化玻璃的炉温。这一改进以及机械直拉工艺和后来在液体金属表面浮法生产玻璃工艺的应用（图29），使玻璃得以被广泛使用。

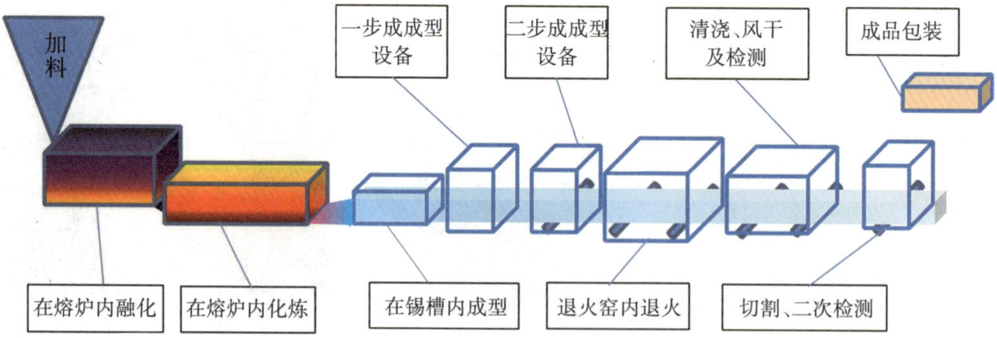

图29　浮法生产玻璃工艺示意图

（8）泥灰、水泥与混凝土。石灰被用作泥灰最早见于古巴比伦和中国仰韶时代晚期（4500～5000年前）。古埃及的远古建筑则使用石膏。公元前3世纪，罗马人发现利用火山灰（图30）与石灰混合，其硬化后坚硬防水，并可以与碎石混合，从而制得水硬性火山灰。由于这种砂浆具有抗水性，在12世纪时，人们常常将其称为水泥（图31）。

图30　火山石

图31　水泥混凝土

1759年英国工程师斯米顿(Smeaton)在重建一座灯塔时，系统地开展了用石灰石烧制水泥的研究，发现了石灰石中黏土含量对烧制水泥的影响。19世纪初叶，确定了在原料中石灰和黏土的最佳比例。德国花匠莫纳(Morner)向人工烧成的水泥加入沙料，使用铁网首先制成坚牢的花盆，从而在19世纪末发展出钢筋混凝土这一重要的建筑材料。

(9) 金属。金属的使用始于约9000年前自然金和自然铜的发现。近代工业革命所使用的金属有铜、金、银、铅、锡、汞、铁和作为合金元素的砷和锌。中国和小亚细亚还使用了含镍的白铜。

① 铜。迄今为止的发现表明，约9000年前在西亚地区已出现铜，但以矿物冶铜的时代要晚得多。铜的冶炼在距今约6000~7000年前出现在伊朗西部Zagros山区。6000年前的石范的应用表明，那时已有了铸造技术。5800年前出现了带孔的铸件。约4200年前，在两河流域出现了失蜡铸造方法。公元前4世纪中叶，冶铜技术已见于今南斯拉夫地区，此后迅速向北传播，在3800年前左右欧洲北部进入青铜时代。最早出现的铜合金来自共生矿的冶炼，在西亚和现今中国西部都使用了含砷铜矿，制造出砷白铜。中国仰韶文化晚期在黄河下游，已从铜锌矿中制取铜锌合金，即黄铜，含锌达27%。但随着冶金技术进步，冶炼温度的提高，锌的挥发和再氧化使这一技术消失。直到公元前170年，罗马人利用异极矿(碳酸锌矿石)制成黄铜。中国在公元10世纪后将炉甘石或氧化锌加入铜中制取黄铜。

锡青铜最早出现于西亚两河流域乌尔王朝(距今4750年)和中国兰州附近马家窑文化(^{14}C测定为4740年前)。迄今最早的空心铸件——模仿陶器的铜铃(图32)出土于山西陶寺文化遗址(距今4000年)。这时在黄河流域，特别是上游地区，已有较多的青铜器件。在辽宁大凌河上游出土有大量该时期红山文化的、含有炼渣的炼铜坩埚碎块，还出土了较此更早的红山文化的铜环、玉坠、耳环。现有考古资料表明，中国在距今4200~4500年前进入青铜时代。经过夏商周三代到5世纪，利用加入熟料和草灰控制泥范性能的铸造技术，已经达到以山西侯马晋国铸坊为代表的青铜铸造技术的顶峰。此后，铜器除货币及铜镜外，兵器、农具、工具都为铁器所代替。4世纪起，利用镍铜硫化矿(今四川会理一带)掺入氧化矿反复冶炼，得到了闻名于世的云南白铜，即铜镍合金(白铜)。云南白铜和纯度很高的锌曾大量出口到欧洲。铸铜技术方面具有代表性的是15世纪初(明永乐年间)制造的现悬于北京觉生寺(俗称大钟寺)的永乐大钟(图33)，其在世界现存大钟中排名第六。大钟全部表面(包括悬钮及钟沿)都铸有汉字或梵文，汉字约1寸见方，书法严整、笔画清晰，全钟面积约180平方米。

图32　空心陶寺铜铃

图33　永乐大钟

② 铁。中国进入铁器时代是在公元前6世纪末至公元前5世纪初叶，在铸件开始流行以后。欧洲使用生铁则在14～15世纪之后。中国由于拥有较高的筑炉技术，沿用了炼铜和铸铜使用的竖炉，炉温较高，还原后的铁容易吸收碳，降低了铁-碳合金熔点，并加快了碳的吸收和扩散，出现了熔点在1150 ℃左右的生铁。液态铁碳合金熔点低，具有良好的铸造性能，并且原料丰富和经济，故很早就得到了应用。考古发掘结果表明，中国在战国初期已用生铁在同样模具中铸造以前用青铜铸造的生活用具，如带钩、农具(镰刀等)、工具等，使铸铁件得以迅速推广。促进铁器广泛应用的重要因素还有公元前5世纪初叶发明的将脆硬的白口铸铁经退火转变为韧性铸铁的技术。

钢铁材料发展的另一重大进展是以生铁为原料制钢的发明。中国在公元前1世纪以前，欧洲在18世纪末叶以前，制钢(包括熟铁)主要依靠固态还原得到的纯铁。经过锻造得到含有较多夹杂物的纯铁(现称为块炼铁)，经过在木炭(常常掺骨灰和豆豉作为渗碳剂)中长时间加热渗碳，再反复锻打促进扩散，得到有一定均匀度的钢。这种方法使钢的产量和广泛应用受到很大限制。

西汉中叶，中国用生铁板脱碳制成低碳钢以作为锻造用原料；或者直接将小器件(如剪刀等)用生铁铸成，然后进行脱碳制成钢器件。

1世纪前后，发明了搅拌炼钢法，即将熔化的铁水在空气中或加入含氧物进行搅拌，使其碳氧化制成一定含碳量的钢(puddled steel)。这种钢经过反复锻打，可打碎并均匀分布硅酸盐夹杂物，同时细化金属晶粒，使钢材组织致密，便得到优质钢材，此过程又称炒钢。在山东苍山县(今兰陵县)出土的于公元112年制造的“三十炼”环首钢刀即系“搅拌钢”或“炒钢”制成。此外还有由高碳钢及低碳钢复合锻打50～60层的“五十炼”剑(88年)。在日本出土了中国东汉末年的“百炼”钢刀(185—189年)。这种制钢工艺是中国钢铁史上的杰出成果，在世界锻造工艺发展史上具有里程碑意义。

搅拌制钢工艺后来发展成为灌钢法。在这一工艺中，生铁中的碳用脱碳或搅拌完全去除后，将得到的低碳钢或熟铁和生铁夹层共同加热至生铁熔点以上，对熟铁进行渗碳，得到碳钢，简化了含碳量的控制过程，提高了生产效率。

经过这些改进以后，中国在一段时期内一直是世界上最大的钢铁生产国，这对中国经济、政治、文化、军事发展起了很大作用。欧洲一直到14世纪后才掌握炼铁技术，在此之前，偶然得到的生铁也只作为表面擦钢硬化剂。西方工业革命开始后，为扩大燃料、动力、交通、机械生产，迫切需要钢铁，生铁产量迅速增加，并于18世纪末人们以生铁为原料用搅拌法制成了熟铁，用坩埚法制成了工具钢。19世纪中叶，英国的贝塞麦(Bessemer)发明了转炉炼钢法，使钢的冶炼速度提高，能耗降低。此后，英国的西门子(Siemens)和法国的马丁(Martin)发明了平炉炼钢法。19世纪末，法国的埃鲁(Héroult)又发明了电弧炉炼钢法，使生产大量的优质合金钢成为可能。进入20世纪，又先后出现了真空冶炼、电渣重熔、钢包精炼等炼钢新技术，从而使钢铁的生产进入兴盛时期(图34)。

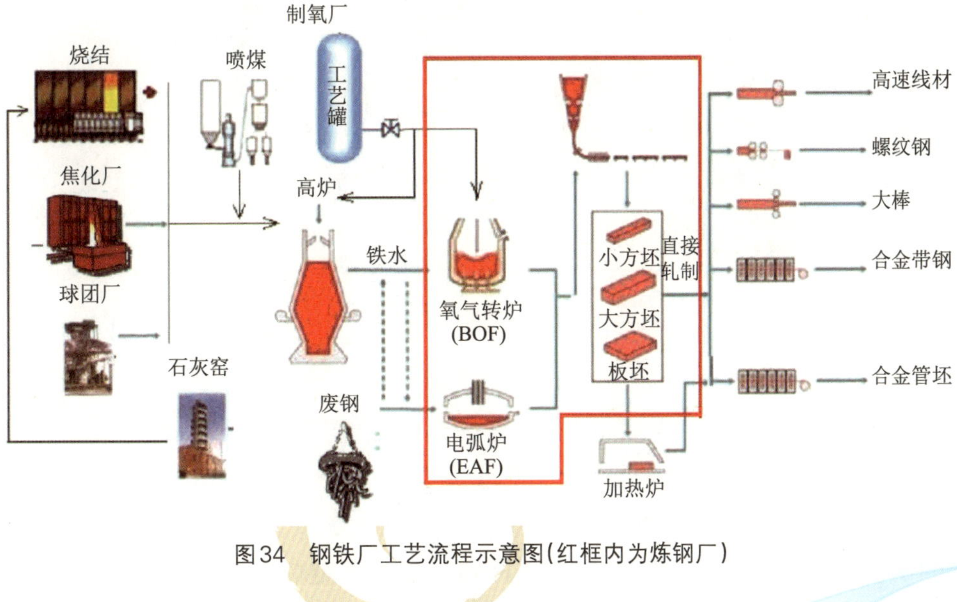

图34 钢铁厂工艺流程示意图(红框内为炼钢厂)

新材料的发展

新材料作为高新技术的基础和先导，应用范围极其广泛，其发展重点主要涉及方面如下：

1. 生物材料

生物材料是越来越受到重视的材料。主要有生物医用材料，用以代替或修复人体的各种器官、血液及组织等；生物模拟材料，即模拟生物机能的材料，如反渗透膜。生物医用材料有些已达到实用化或产业化的程度，而生物模拟材料大部分处于探索阶段(图35)。

图35　生物材料的应用场景

2. 新能源材料

随着太阳能、锂离子电池(图36)、氢燃料电池(图37)为代表的新能源技术的发展，新能源所需要的材料取得了日新月异的发展，新品种不断出现，产能迅速提高。新能源材料的研究内容主要包括：化石资源的高效绿色利用，非化石清洁能源的制备、存储及高效转化，生物质选择转化和生物燃料电池，热电-光电-光热等高效能源转换材料与器件，动力与储能型各类电池材料与器件，高效节能材料与器件等。

图36　锂电池

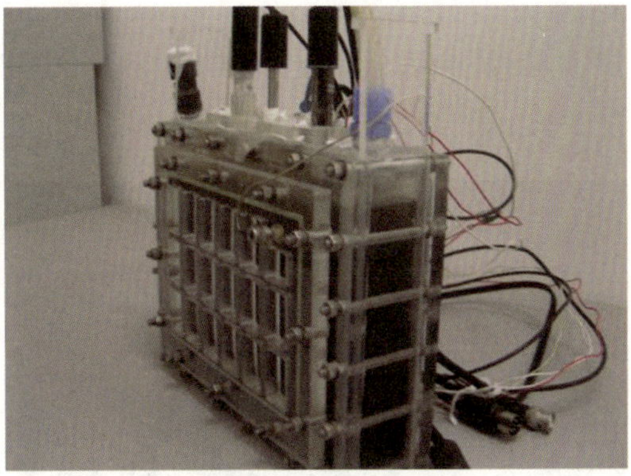
图37　氢燃料电池

3. 新金属材料

近年来，新金属材料不断涌现，以其高性价比、先进的制备工艺和装备，在今后若干年内仍将占有重要位置。通过优化工艺过程，精确控制材料纯度、成分，使传统金属材料的性能成倍地提高，如指甲盖大小的超级钢能承受一头大象的重量（图38）。

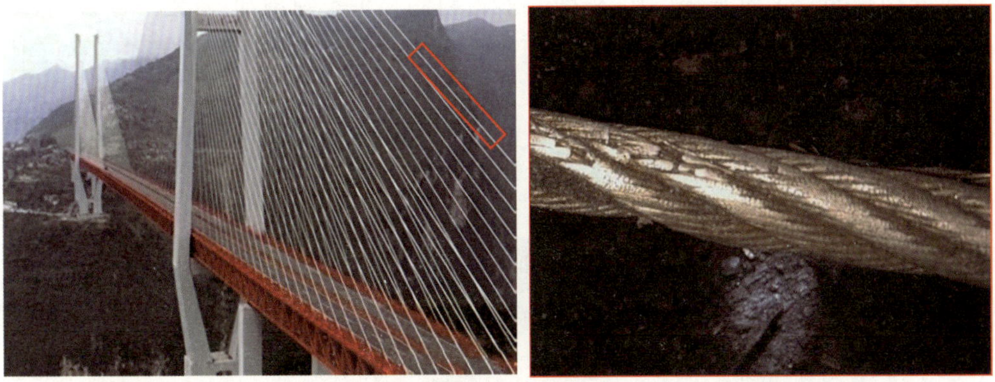
图38　超级钢

4. 高分子材料

高分子材料包括橡胶、塑料、纤维、涂料、胶黏剂和高分子复合材料（图39）。高分子是由成千上万个小分子单体，通过加聚或缩聚反应以共价键结合起来的长链分子。独特的结构使高分子材料具有易改性、易加工等特点。例如新型高性能工程塑料，坚韧、力学强度高，使用温度范围广，介电性能优异，耐老化，对大多数化学介质稳定，成型加工性能好，用途广泛。

如俗称"塑料王"的聚四氟乙烯（PTFE）（图40）除熔融金属锂、钾、钠、三氟化氯、高温下的氟化氧、高流速的液氟外，它几乎可以抵抗所有化学介质，包括浓硝酸和王水的腐蚀，它可以长期在230～250 ℃温度下工作。这种材料具有抗酸、抗碱、抗各种有机溶剂的特点，几乎不溶于所有的溶剂。高分子材料的发展速度很快，今后还会有性能更优异的高分子材料出现。特别是功能高分子材料正待开发，将会有很大发展。

图39　塑料原料、抗菌纤维

图40　聚四氟乙烯构件

5．高性能陶瓷

高性能陶瓷材料正处于发展阶段。随着各种先进发动机和燃气轮机的发展，对工程陶瓷的需求愈来愈迫切；信息功能材料的品种不断增加，性能不断提高，对功能陶瓷的研究也愈来愈深入。因此，高性能陶瓷的研究与开发也是今后的工作重点之一(图41)。

图41　含稀土元素的高性能陶瓷

6．复合材料

复合材料是结构材料发展的重点，主要包括树脂基复合材料(图42)、金属基复合材料、陶瓷基复合材料和碳基复合材料等。复合材料的设计自由度大，特别有利于发展结构功能一体化复合材料、新型功能复合材料和多功能复合材料。

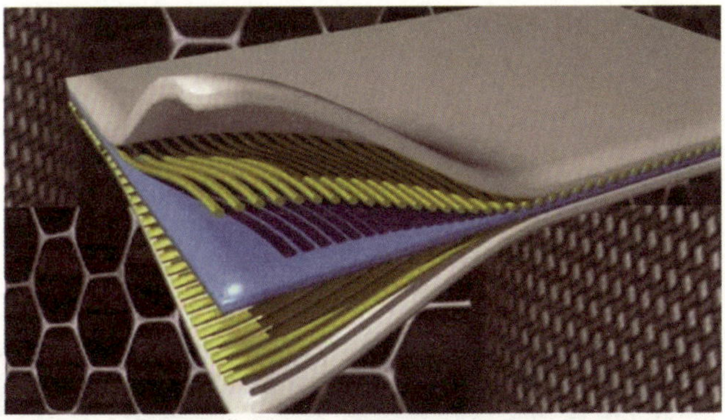

图42　树脂基复合材料

7. 智能与功能材料

智能材料是20世纪末提出来的一类新型材料，具有类似于生物体反应的机能，即感知和驱动功能，是今后新材料发展的热点之一。例如，透明压电陶瓷(PLZT)集光性与压电性于一体，可用于核闪光保护镜。

功能材料则是源于器件的小型化、多功能化的发展需求。例如分子束外延技术与超晶格理论的发展，使材料与器件的制备可以控制在原子尺度，将成为今后发展的重点。其他信息功能材料，如半导体、超导激光、红外、光电子、液晶、敏感及磁性材料(图43)等发展也很快，性能不断提升。这些功能材料是发展信息产业的基础，在材料领域中占有十分重要的地位。

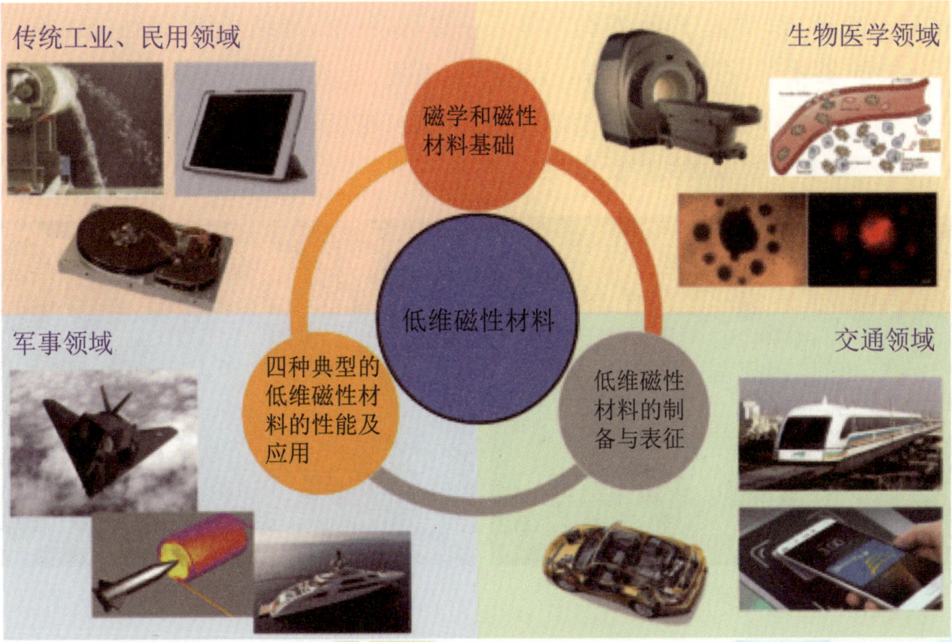

图43　低维磁性材料的应用领域

8. 硅材料

硅是半导体产业的基础材料，具有优良的半导体电学性质，其禁带宽度适中，载流子迁移率较高，能满足各种半导体器件制造的需求。硅单晶按拉制方法不同分为区熔单晶和直拉单晶两种（图44）。在平面型硅器件制造中可以用氧化膜实现PN结表面钝化和保护，还可以形成金属-氧化物-半导体结构，制造MOS场效应晶体管和集成电路（图45）。利用硅单晶所生产的太阳能电池可以直接把太阳能转化为电能，推动绿色能源的发展。

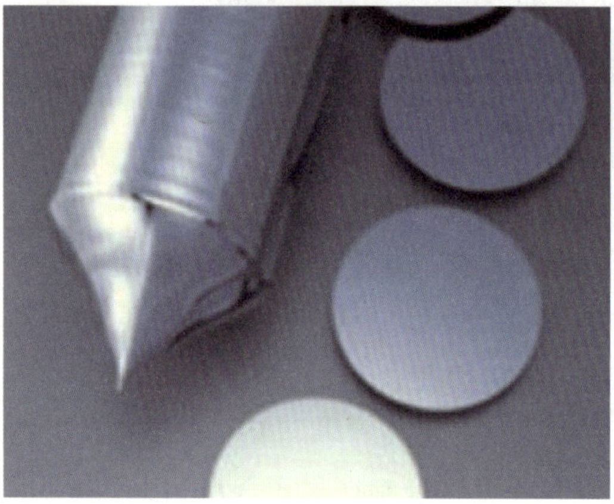

图44　用于电子器件的单晶硅片

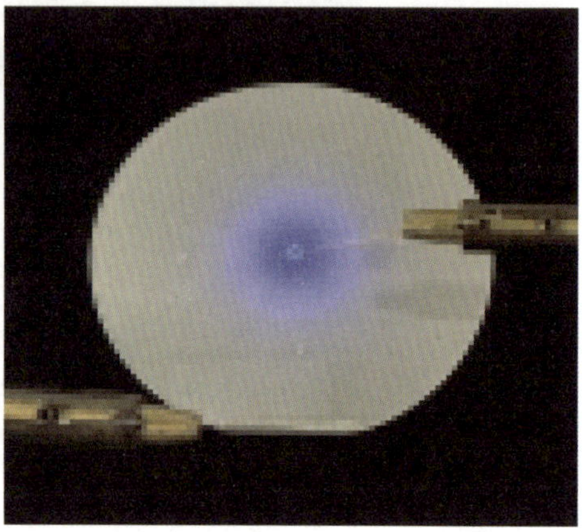

图45　半导体器件——外延片

9. 新型碳材料

碳材料既包括碳的同素异构体，也包括以碳为基体的复合材料。按照维度划分，可分为零维（碳量子点、富勒烯等）、一维（碳纤维、碳纳米管、碳纳米线等，图46）、二维（石墨烯、石墨炔等，图47）及三维（石墨、金刚石等）。碳材料具有许多独特的物理、化学和机械性能，在能源、化工、交通、建筑、环保、航空航天、电子信息、生物医药等多个领域得到广泛应用。

图46　碳纳米管

图47　石墨烯及其结构示意图

10．低维材料和亚稳材料

低维材料具有体材料所不具备的性质。如作为零维的纳米级金属颗粒是电的绝缘体及吸光的黑体，以纳米微粒制成的陶瓷具有较高的韧性和超塑性，纳米级金属铝的硬度为块体铝的8倍等。这些都是待开发的领域。作为一维材料的高强度有机纤维、光导纤维、碳纳米管，作为二维材料的金刚石薄膜、超导薄膜、石墨烯等，都已显示出广阔的应用前景。非晶材料是亚稳材料的一种，具有很多优异性能，未来将会得到很大发展。

11．材料基因工程

材料基因工程是一门全新的前沿交叉学科，综合利用材料科学、人工智能、大数据技术、计算机科学、物理学和化学等相关学科的基本知识和技术，实现对材料成分、制备、加工、结构、性能和服役行为之间复杂的内禀关系的深入解析与高效优化设计。

材料基因工程的研究内容主要包括高通量并发式计算、自动流程计算、自主计算、集成计算材料工程等材料先进计算方法，高通量实验、自动化实验、智能化实验等材料先进制备与表征技术，材料数据库与大数据技术等（图48）。材料基因工程将缩短材料研发周期，降低材料研发过程成本，推动新材料研发从“经验试错”向“数字化、智能化”新模式的转变。

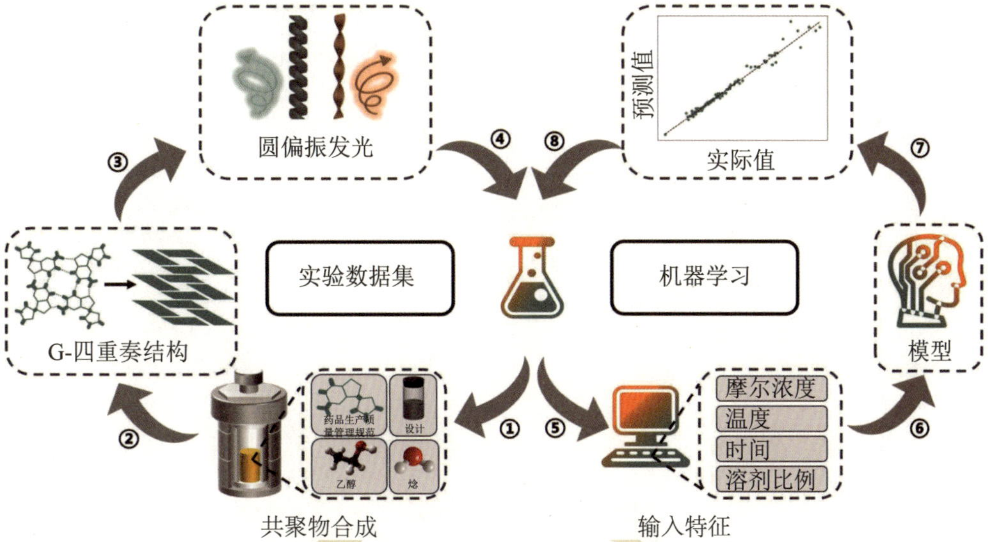

图48　材料基因工程示意图

新材料的发展前景如日方升，潜力无限。世界各国对新材料的研究与开发莫不予以足够的重视。1983年美国提出的“战略防御计划”（即星球大战计划），随后

1985年欧洲提出的“尤里卡”计划等都有“发展新材料”的计划。面对世界高新技术蓬勃发展、国际竞争日趋激烈的严峻挑战，我国于1986年启动实施了“高新技术研究发展计划”（863计划），新材料是八大重点领域（生物技术、航天技术、信息技术、激光技术、自动化技术、能源技术、新材料技术和海洋技术）之一。1997年，我国又制定“国家重点基础研究发展计划”（973计划），开展面向国家重大需求的重点基础研究，材料被列为七大领域（农业、能源、信息、资源环境、人口与健康、材料、综合交叉与重要学科前沿）之一。欧盟启动了“地平线2020”计划，其中180亿欧元用于新材料研发；德国全面启动“工业制造4.0”战略；英国也已推动实施“先进材料战略”。在材料发展不断进步的进程中，我国又制定了相关的重要规划和战略，并进行了部署，促进中国从“材料大国”向“材料强国”转化。新材料的发展将给人类带来更美好的明天。

（注：本文部分内容参考《中国大百科全书》(第3版)（网络版)“冶金史”词条，条目作者为中国科学院院士柯俊。）

绿色塑料聚乳酸

陈学思*

塑料虽然只有短短几十年发展史，却凭借其轻质化、耐腐蚀、易塑造和价格低廉等优势已经成为当今社会发展中不可或缺的一部分，从日常生活中的衣食住行，到生物医疗、工程材料和航空航天等高端领域都有其身影。塑料对于维持经济的可持续发展至关重要。然而塑料在给我们生活带来便利的同时，也造成了严重的资源短缺、环境污染和生态系统破坏等问题。例如，塑料产业消耗的原油占到原油总用量的4%～6%，生产过程中会造成大量的能量损耗和二氧化碳排放；废弃的塑料是“白色污染”的主要来源，引起了严重的土壤、海洋和空气污染；分解产生的微塑料进入生物链系统会威胁到生物体健康。因此，开发对生态友好的环保塑料对于维持生态环境和社会经济的可持续发展具有重要意义。

经过科研工作者的不懈努力，一类环境友好的塑料——聚乳酸（又称聚丙交酯，英文缩写为PLA）逐渐走进了人们的视野。与聚乙烯、聚丙烯和聚苯乙烯等传统石油基塑料不同，聚乳酸是以玉米和甘蔗等可再生生物质为原料，经生物发酵和化学合成等流程制备得到的。由聚乳酸材料加工成的制品在废弃后会逐渐被自然界中的微生物降解，在几个月至几年内逐渐分解为水和二氧化碳等自然界物质循环的基本原料，实现了自然资源的可持续循环利用（图1）。聚乳酸材料在生态循环过程中并不会给生态环境造成额外的负担，符合可持续发展理念，是一种完全的绿色产品，被称为21世纪的环境循环材料。

---

* 陈学思，中国科学院院士，中国科学院长春应用化学研究所研究员。

图1　聚乳酸绿色塑料的自然循环流程图

何为聚乳酸?

聚乳酸是一类真正意义上的可完全生物降解的热塑性聚酯材料,来源于可再生资源,并在使用后降解为对环境无害的小分子物质。聚乳酸的生产能耗比传统石油基聚合物低25%~55%,在未来的技术革新中还能进一步降低能耗,这使聚乳酸成为替代石油基不可降解塑料的有力竞争者。聚乳酸具有优异的热学性能和力学性能,良好的可加工性使其通过熔融纺丝、注塑、吹塑、热成型和薄膜挤出等通常塑料制品加工方法制成功能多样的产品,如餐具、纺织品、3D打印材料和包装材料等。此外,聚乳酸也是一类优良生物相容性的可吸收医用材料,广泛应用于药物缓释、手术缝合线、组织工程支架和骨科修复等领域。

随着人们对保护生态环境关注度的不断提高和国际社会“禁塑令”的逐步推行,生物可降解塑料的需求量越来越高。聚乳酸是新兴生物塑料中性价比最高、产能规模最大和应用最广的品种,年产量已经超过50万吨,其中美国的NatureWorks公司是最大的聚乳酸生产公司,年产量达到18万吨。我国的聚乳酸产业研发也有20余年的历程,中国科学院长春应用化学研究所和浙江海正生物材料股份有限公司从2000年开始合作开发聚乳酸的合成工艺,并于2008年建成国内第一条年产5000吨的聚乳酸生产线,2016年将年产能扩大到1.5万吨。此外,江苏九鼎、光华伟业、吉林中粮和江苏允友成等公司也已建成投产了聚乳酸生产线。预计到2025年,我国聚乳酸的年产量将超过60万吨。基于巨大的市场需求和良好的产业化应用前景的推动，聚乳酸在合成、性能、改性与加工等相关领域的研究也越来越成熟。

聚乳酸合成方法

聚乳酸是以乳酸为重复单元的脂肪族聚酯材料，常用合成方法包括缩聚法、反应挤出法和两步法等。其中，缩聚法是指脱水剂作用下乳酸分子间羟基和羧基的直接脱水缩合反应合成聚乳酸的方法，所得材料的分子量较低、分子量分布较宽、链段立体构型不易控制等缺点导致该方法的产业化应用受限；反应挤出法采用间歇式搅拌反应器和双螺杆挤出机组合，通过连续的熔融聚合反应制备超高分子量的聚乳酸；两步法是将乳酸依次经过精制、脱水缩聚、高温裂解反应和开环聚合反应等流程生成聚乳酸树脂，该方法的单体转化率高、反应进程可控，能够得到高分子量、窄分子量分布的聚乳酸，是当前规模化生产聚乳酸的主要工艺。

在两步法合成聚乳酸材料的工艺中，第一步是将乳酸脱水环化为二聚的六元环——丙交酯。受乳酸中手性次甲基碳的影响，丙交酯有左旋、右旋和内消旋三种旋光异构体，而将等量左旋和右旋丙交酯均匀混合则形成外消旋丙交酯。丙交酯通常采用乳酸的低聚—裂解路线合成得到，这是当前我国聚乳酸产业的一个"卡脖子"技术，涉及长流程、高温和高真空度等反应条件，并且较高的反应温度也会引发丙交酯的消旋化，降低单体的旋光纯度，提高了反应后单体纯化的成本。最近研究发现，特定构型的分子筛可以用一步法将乳酸直接环化为丙交酯[1-2]，这大大简化了合成工艺，更加节能高效，符合社会对绿色可持续发展经济的要求。

第二步是丙交酯的开环聚合反应。这是聚乳酸合成的重要步骤，也是学术研究和工业生产中广受关注的步骤。该步骤需要合适的催化体系才能实现高的单体转化率，并得到分子量和链段立体规整度可控的聚乳酸材料。近几十年的研究先后报道了结构多样的催化体系，包括金属盐类、金属配合物和有机非金属催化剂等[3]，其中辛酸亚锡是应用最多的一类催化剂，具有反应条件温和、聚合物分子量可控的优点，但是材料中残留的过量锡元素会损害神经系统和肝脏功能，限制了其在生物医用方面的应用；锌、钾、镁、钙和铁等低毒性金属盐类也具有较高的催化效率。金属配合物可以通过调控金属中心种类（铝、镁、锌、钛和镧系金属等）和配体结构实现丙交酯的立体可控性开环聚合反应，得到不同立体构型的聚乳酸（包括同规、间规、杂规和无规立体构型）。有机非金属催化剂催化丙交酯开环聚合反应所得聚乳酸中无金属残留，简化了反应后的产物纯化流程，更适合应用于食品包装和生物医用等领域，成为近年来科研工作者关注的一个方向，然而其对聚乳酸立体规整度的调控难题是一个亟待解决的问题。

聚乳酸的特点和优化

聚乳酸是一种力学性能媲美通用塑料(如聚苯乙烯和聚对苯二甲酸乙二醇酯)的生物可降解塑料，具有较高的力学强度和模量、较低的断裂伸长率和冲击强度。其力学性能依赖于聚合物的分子量、分子量分布、结晶度、分子链取向程度、立体规整度和热加工条件等。聚乳酸的拉伸强度随分子量的增加而逐渐提高，当分子量增加到一定程度后就基本不再变化了。左旋聚乳酸是高度同规立构的半结晶型聚酯材料，其结晶度约为37%，熔融温度约为180 ℃，玻璃化转变温度为60～65 ℃，具有优良的力学强度(表1)。降低链段的规整度会降低材料的结晶度，逐渐转变为无定型的无规聚乳酸，成为一种只有一个50～60 ℃的玻璃化转变温度的无色透明材料，其力学强度有所下降。聚乳酸的热加工可以改变其晶型和结晶程度，进而影响材料性能，如退火处理能显著提升聚乳酸的拉伸强度和冲击强度。

表1　不同立体构型聚乳酸的热学和力学性能比较

	左旋聚乳酸	无规聚乳酸	聚乳酸立体复合物
密度(g/cm^3)	1.25～1.30	1.2～1.3	1.21～1.34
T_g(°C)	60～65	50～60	65～72
T_m(°C)	～180	—	200～240
断裂伸长率(%)	2～10	5～10	2.6
拉伸强度(MPa)	50～70	40～53	53
杨氏模量(GPa)	3～4	1.9	—
弯曲强度(MPa)	100～120	84～88	—
弯曲模量(GPa)	4～5	—	—

聚乳酸的降解主要是从其主链酯键水解为低聚物开始，然后逐渐降解为水和二氧化碳，按照降解途径可以分为自然环境中的水解、生物降解和热降解。其降解速率受材料的初始分子量、材料形态、结晶度和介质环境的影响，可以从几星期(图2)延长到几年。高分子量聚乳酸的降解速率相对缓慢，这是因为较高的分子量提高了材料结构紧密度，阻碍了材料内部酯键的水解。聚乳酸的结晶度决定了材料的降解速率，科学研究发现，在自然环境中水首先渗入聚乳酸的无定型区，引发酯键的水解，大部分无定型区分解后才开始从晶区的边缘向晶区内部逐步降解[4]，因此半结晶型左旋聚乳酸的降解速率相对缓慢，一般需要3～3.5年，适用于加工成餐具、骨修复产品和组织工程支架等寿命要求较长的产品；而无定型聚乳酸一般在几个月内完全降解，可用作药物缓释的载体。在制品加工过程中受高

温、加工应力、微量水和杂质、氧气等因素的作用，聚乳酸链会发生酯键分解和酯交换等反应，降低材料的性能。

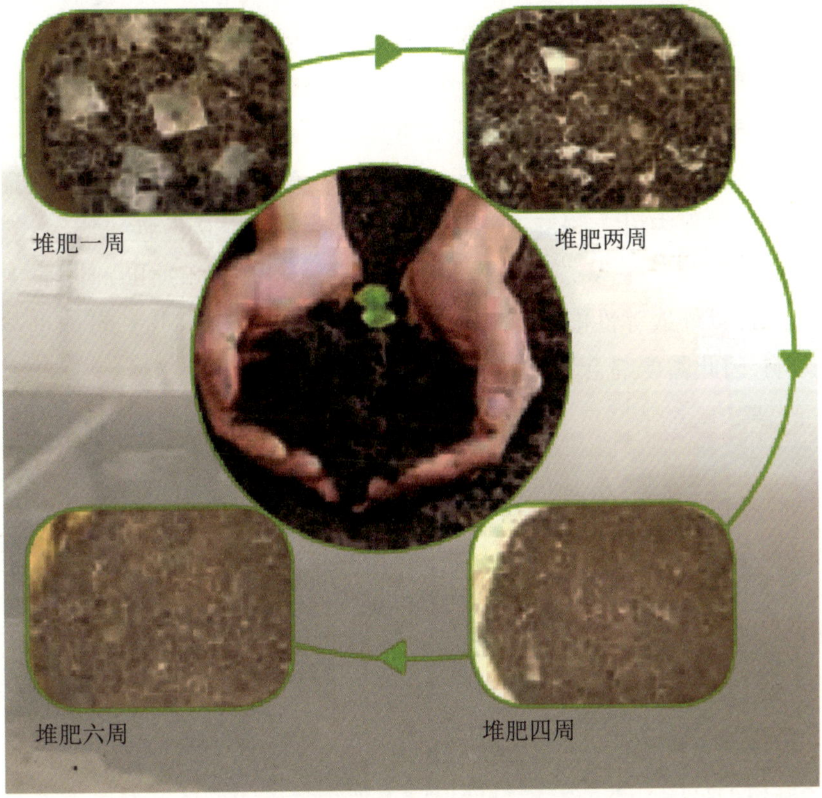

图2 聚乳酸薄膜的堆肥降解实验

大家不必因为聚乳酸的可降解性而担心其使用寿命，这是由于聚乳酸需要在特定的条件下才能快速降解，如高温、高湿和微生物营养源等，而在通常的使用条件下降解是缓慢的，例如室温中的聚乳酸材料需要放置11个月后才开始生物分解。为了延缓降解速率，在聚乳酸的存储和运输过程中会对材料进行处理以避免使用前的降解，如严格的纯化、干燥和封端基；在加工成制品时通常添加少量的抗水解稳定剂、热稳定剂等以避免材料的热分解，并延长材料的使用寿命。因此聚乳酸是一种理想的生物降解材料，特别适宜于2～3年使用期的产品。

生物质来源的聚乳酸材料是最具替代传统石油基塑料潜力的绿色环保材料，较高的力学强度和模量适合日常生活中的大部分性能需求。然而在实际应用中，聚乳酸材料性能也有一些不足，需要通过添加少量助剂(通常也要求生物质来源)等方法以改善材料性能：① 提高韧性和耐冲击性：聚乳酸是一种刚硬性材料，其本身固有的脆性限制了材料作为通用塑料的使用范围。在聚乳酸中添加助剂可以提高片材的耐冲击性和柔韧性，得到柔韧性与聚丙烯相当的薄膜材料。② 提高耐热性和耐久性：脂肪族聚酯在较高温度条件下易发生降解反应而降低材料的性能，同时较低的玻璃化转变温度（约为60 ℃）导致聚乳酸制品在较高温度条件下的形状无法长期保持，因此需要在材料中添加热稳定剂等助剂以提高材料的稳定性。③ 提高熔体强度：不含支链的聚乳酸是一种低熔体强度的聚合物，这导致了材料的应变硬化不足，造成聚乳酸纤维和发泡材料等制品加工困难。提高聚乳酸熔体强度主要有两种方法：一方面是增加其分子量，但是长时间的聚合反应会导致部分聚乳酸降解而使材料变色；另一方面是在分子链中引入长支链结构，即在聚乳酸的合成过程中引入侧链官能团或对聚合物进行交联改性以引入长支链，这是提高其熔体强度的主要方法。④ 此外，聚乳酸还需要添加助剂以提高其耐燃性、阻隔性、抗紫外线等性能。这些方法在改善材料性能的同时，可能也会引起一些负面影响，因此需要综合考虑使材料的性能达到最优条件。

聚乳酸的用途广泛

通过产学研相结合的技术进步，聚乳酸材料的改性手段不断优化，制品的性能也得到了飞速提升。聚乳酸可以采用通用塑料的加工设备制成各种制品，如包装材料、餐具等日用消费品、纤维制品和3D打印材料等。此外，具有优良生物相容性和生物可降解性的聚乳酸作为第一批被美国食品药品监督管理局（FDA）批准用于组织工程等临床领域的材料，目前也已经广泛应用于药物缓释载体、骨修复材料、组织工程支架和面部填充剂等领域。

（1）日用消费品。聚乳酸材料优良的生物相容性和较高的力学强度赋予了加工制品在食品包装和餐具领域的安全性和使用稳定性，此外聚乳酸还有较好的光泽性、优良的印刷性能、良好的抗菌性。通常所用的聚乳酸的分子量不能太大，否则较大的熔体黏度需要较高的加工温度，这会引发材料的降解，并影响材料的色泽度。目前已经有一系列聚乳酸基制品（如包装材料、刀叉、水杯、餐盘、筷子、砧板、牙刷、桶和水盆等，图3）走进了我们的日常生活，缓解了“白色污染”对生态系统的压力。此外，聚乳酸可以加工成绿色环保轻质化的发泡材料，广泛应用于水果、蔬菜、药物、电子器件等领域的包装材料。

（2）纤维制品。聚乳酸熔体纺丝法制成的聚乳酸纤维（lactron）富有光泽和弹性，具有高熔点、高结晶度和高拉伸强度的优点，可以加工成各种纤维集合体，如单丝、复丝和无纺布等。加工成的T恤、夹克衫等织品具有优良的抗皱性、悬垂性、滑爽性、吸湿透气性、良好的耐热性及抗紫外线功能，对皮肤无任何刺激性，是一种优良的面料来源。聚乳酸纤维以价廉量多的可再生生物质为原料，又具备完全自然循环型和可生物分解的特点，是一种极具发展潜质的生态性纤维。

图3 聚乳酸加工成的日常生活制品

(3) 3D打印材料。聚乳酸是一种收缩率较低的热塑性塑料，具有透明性好、染色后光泽鲜艳、熔融流动性和无刺激性气味等优点，所制得的模型强度好，经久耐用，可以调出丰富的色彩(图4)。

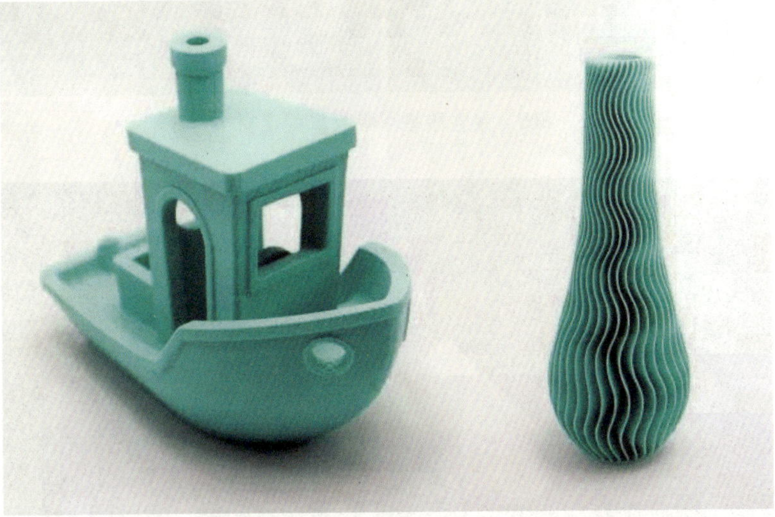

图4 用聚乳酸制作的3D打印模型

(图片来源:https://www.gaofenzi.org/archives/8350.html)

(4) 药物缓释载体。药物缓释是指给药之后可以缓慢可控地释放药物的制剂，具有较好地维持血液中药物浓度、减少给药频率和降低药物副作用的特点。无定型的聚乳酸是一类疏水性的生物相容性材料，包裹药物所制备的制剂可以在体内缓慢释放药物，而聚乳酸载体可以在几个月内逐渐被降解为水和二氧化碳并排出体外。调节聚合物的分子量、包裹药物含量和共聚改性的方法可以调控药物的释放速率。目前，以聚乳酸为载体的缓释药物已经应用于抗癌药物、镇痛药、抗生素药和神经系统药物等领域。

（5）骨固定材料。随着全民健身运动的普及推广，运动导致的骨损伤概率也逐渐增加，传统用于骨科修复的钛板等金属类固定材料可能会引起人体的排异反应，同时取出固定材料的二次手术也会给患者带来更多痛苦和经济负担。具有优良生物相容性、较高力学强度、热稳定性和加工可塑性的左旋聚乳酸加工成骨固定材料（图5、图6），替代金属材料用于骨科内修复材料，在术后会随着骨骼的生长恢复而降解为水和二氧化碳排出体外，这避免了患者的二次手术带来的痛苦。聚乳酸基骨固定材料可以通过调节分子量和聚乳酸/聚乙交酯共聚物的组成调控其降解速度，实现材料寿命的可控调节。

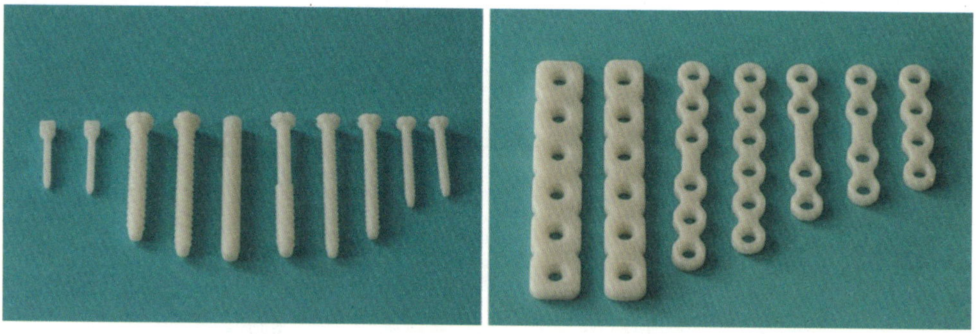

图5　聚乳酸基可吸收骨固定材料

图6　可吸收人工骨

(6) 手术缝合线。聚乳酸是具有较高拉伸强度和加工可塑性的生物相容性材料，由丙交酯和乙交酯共聚反应合成的聚乳酸-聚乙醇酸共聚物可以纺织成手术缝合线用于术后的伤口缝合。这种手术缝合线随着伤口的愈合而逐渐降解为水和二氧化碳，无须二次手术拆线，减少了患者的痛苦，特别适用于深部组织的伤口缝合。

(7) 组织工程支架。具有优良力学性能和生物相容性的聚乳酸也是组织工程支架中常用的材料之一。调节聚乳酸的分子量和共聚单体结构，可以调控材料的性能以适应不同的使用需求，采用丰富的加工方法(如乳液冻干法、盐析法和相分离法等)可以制备不同规格的支架。目前，聚乳酸基支架已经应用到软骨、骨髓、肌腱、血管、肾脏和心脏等组织的修复治疗中。

(8) 面部填充剂。随着人民生活水平的提高，越来越多的人希望能去除皱纹或填充面部轮廓以重塑面容。面部填充剂是一类刺激特定位置的组织扩增以实现面部重塑的美容产品(图7)。相比于直接增大组织以达到扩增组织的方法，聚乳酸在注入特定位置后可以逐渐刺激炎症反应和胶原蛋白的生长，经过几个月的发展最终引起组织体积的增大，而填充剂随着时间最终被代谢掉，避免对机体生理机能的长期影响。目前的临床研究表明这类填充剂对面部的下半部的修复效果更好，比如填补笑纹、较深的皱纹或是丰唇等。

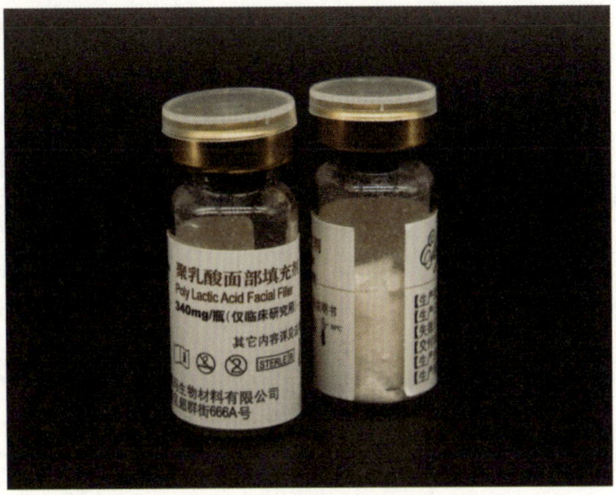

图7　聚乳酸面部填充剂

参 考 文 献

[1] Dusselier M, Van Wouwe P, Dewaele A, et al. Shape-selective Zeolite Catalysis for Bioplastics Production[J]. Science, 2015, 349: 78.

[2] Zhang Q, Xiang S, Zhang Q, et al. Breaking the Si/Al Limit of Nanosized β Zeolites: Promoting Catalytic Production of Lactide[J]. Chem. Mater., 2020, 32: 751.

[3] 赵宁. 手性金属有机化合物催化丙交酯聚合反应研究进展[J]. 有机化学, 2017, 37: 1139.

[4] Fukuzaki H, Yoshida M, Asano M, et al. Synthesis of Copoly(D, L-lactic acid) with Relatively Low-molecular Weight and in Vitro Degradation[J]. Eur. Polym. J., 1989, 25: 1019.

重大疾病治疗的新视野
——纳米“催化”医学

施剑林　杨博文*

活性氧与疾病

随着现代社会的进步和生活水平提高，人们对于健康的追求和医学发展之间的矛盾日益突出。人类许多疾病，如癌症、心血管疾病、神经退行性疾病、急性肾损伤等，近20年来发病率逐年上升，严重影响人类生命健康。当前临床上使用的药物治疗手段，效率低、副作用大，难以满足治疗需求。例如，对于癌症治疗而言，常规的化疗手段不仅难以消除肿瘤，还会给患者带来脱发、胃肠道反应、肝肾功能损伤等毒副作用(图1)，急需高效、安全的治疗模式。

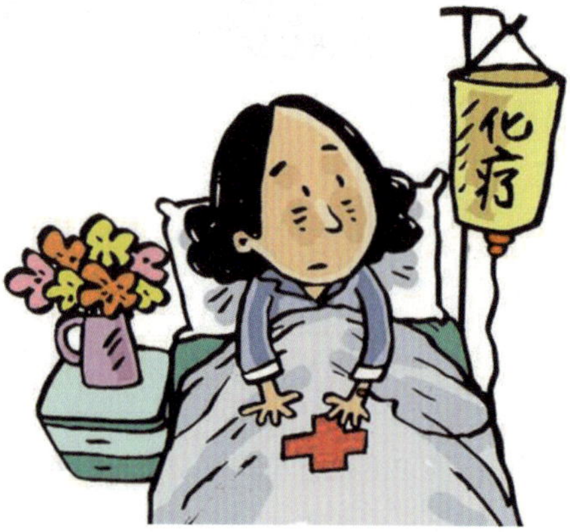

图1　化疗患者

氧元素在自然界中以多种形式存在。活性氧(reactive oxygen species, ROS)

* 施剑林，中国科学院院士，中国科学院上海硅酸盐研究所研究员。
杨博文，中国科学院上海硅酸盐研究所副研究员。

是一类含氧的化学活性物质，包括超氧阴离子(O_2^-)、过氧化氢(H_2O_2)、羟基自由基(·OH)等，在生物体中广泛分布。由于活性氧具有氧化性，可以与生物体内许多大分子发生反应，对细胞的生理活动带来影响。[1]过量的活性氧可以"氧化"细胞，使其发生氧化损伤甚至死亡。这种特性会给正常细胞带来不利的影响，但却有助于杀死机体内有害的细胞。许多疾病的发生发展，都和人体特定部位的活性氧含量异常有关(图2)。因此，如果调控人体病灶处活性氧的浓度，理论上可以实现疾病治疗。例如，对于癌症治疗，可以通过产生大量的活性氧氧化并杀死癌细胞，抑制肿瘤生长；对于心血管疾病和其他炎症性疾病的治疗，可以通过清除生理环境中的活性氧来保护正常有用的细胞，发挥"解毒"功效。但是，当前直接用于活性氧调控的药物很少，且治疗效果不理想，发展一种高效调控活性氧的治疗手段，对于疾病治疗具有较大意义。

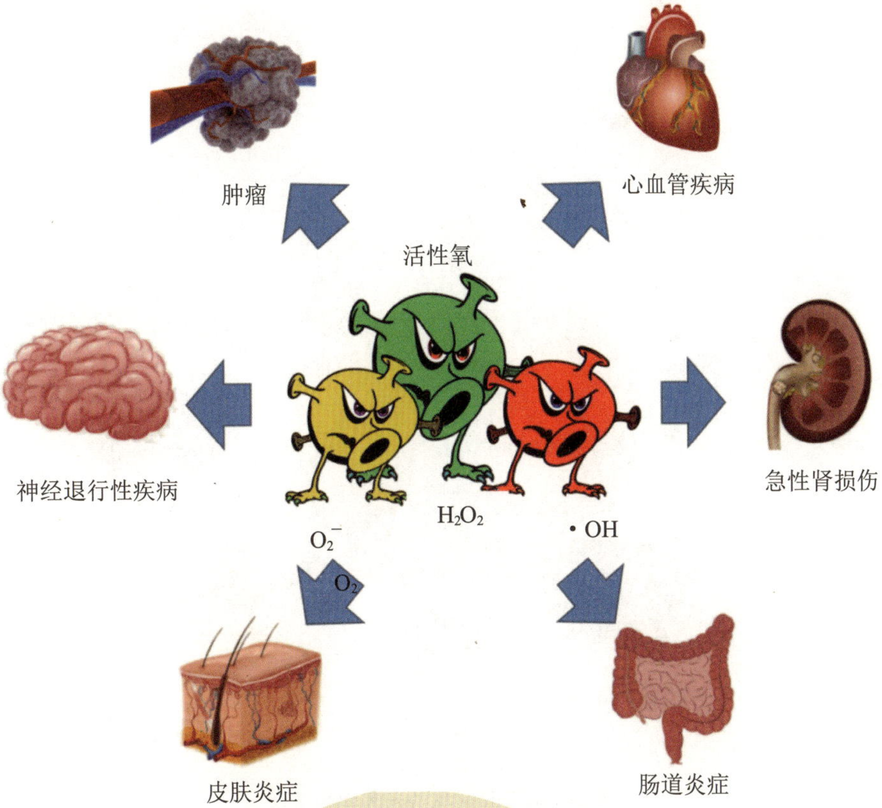

图2　与活性氧含量异常有关的疾病

将"催化反应"引入疾病治疗

工业上常常用催化剂促进化学反应进行，且在反应前后催化剂的组分不发生变化。因此，科学家们想，催化剂能否用于在生理环境中引发催化反应调控活性氧浓度，达到高效治疗疾病的目的。这一思路近期被我国科学家采用并取得了较好的成绩。他们选用无毒、生物相容性好的催化剂，并将其定制成纳米尺度(小于300纳米)，构建纳米催化医学材料。当到达病灶后，材料可以作为催化剂促进反应发生。此外，纳米尺度的催化医学材料可以在治疗结束后通过粪便排出体外，确保在人体中的残留较少。

中国科学院的学者在国际上首次提出“纳米催化医学”的概念，旨在通过构建新型多功能的纳米催化材料，在病灶引发催化反应调控活性氧浓度，达到治疗疾病的目的(图3)。[2]这一思路将“催化”和“医学”两个学科结合起来，为疾病治疗提供“催化剂”。目前，科学家们所制备的纳米催化医学材料主要有两方面应用：① 产生活性氧用于癌症治疗；② 清除活性氧用于心血管和其他炎症性疾病治疗。

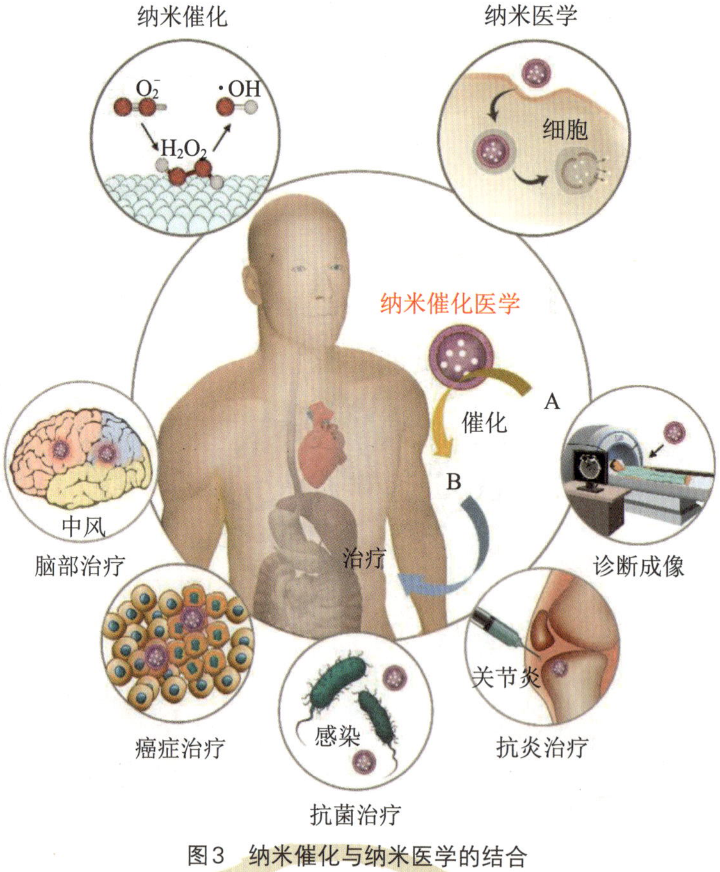

图3　纳米催化与纳米医学的结合

肿瘤的催化治疗

肿瘤是由癌细胞经过恶性增殖生长而来的。癌细胞和正常细胞的代谢方式不同，进一步可形成独特的肿瘤微环境，如低pH值(6.5~7.3)、高过氧化氢浓度、氧气含量低等(图4)。增加癌细胞中的活性氧含量，有望“氧化”癌细胞并将其杀死。早在1894年，法国科学家芬顿(H. J. Fenton)发现过氧化氢在亚铁离子Fe^{2+}存在的条件下，可以把过氧化氢转变为强氧化性的羟基自由基。该反应被后人定义为Fenton反应。如果将该催化反应引入肿瘤中，或许可以将肿瘤内的过氧化氢转变为羟基自由基而杀死癌细胞。中国科学院上海硅酸盐研究所在2016年报道一种非晶铁纳米颗粒，这种材料可以在肿瘤的弱酸性环境中降解并释放Fe^{2+}，从而引发Fenton催化反应，抑制肿瘤生长。[3]除了非晶铁纳米颗粒，许多纳米催化材料如四氧化三铁纳米颗粒、硫化铜纳米颗粒等，都被证实可以引发类似Fenton反应的产生羟基自由基的化学过程，从而可以被用于肿瘤治疗。[4]

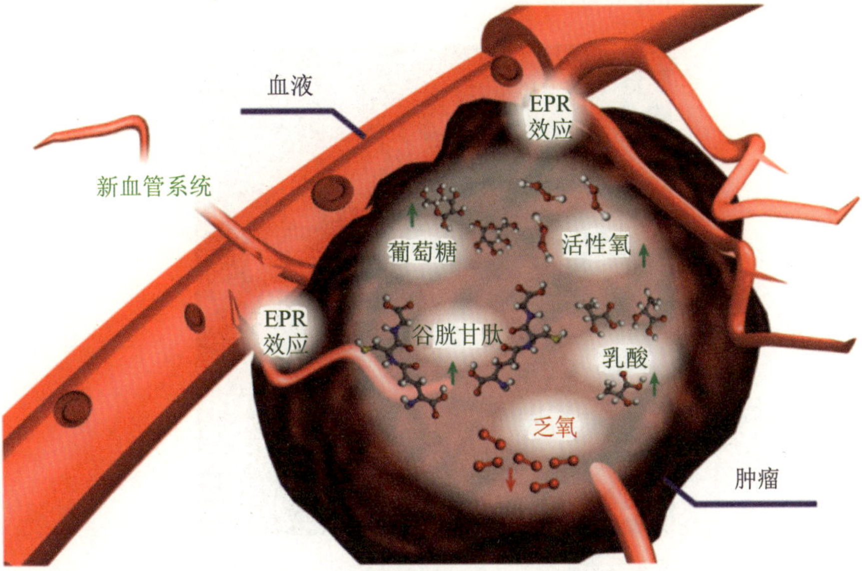

图4　肿瘤微环境的化学特征

这种治疗思路是利用肿瘤内原有的过氧化氢作为催化反应的底物和原料。虽然肿瘤内过氧化氢含量较高，但浓度有限，无法源源不断地为反应提供原料。因此，如果通过某种方法将肿瘤内原有的其他物质转变为活性氧，便可以实现"无毒"到"有毒"的转变，提升治疗效率。继2016年报道的非晶铁纳米颗粒治疗方法，2017年中国科学院上海硅酸盐研究所团队又报道了一种同时负载葡萄糖氧化酶和四氧化三铁纳米颗粒的材料(图5)[5]，其中葡萄糖氧化酶可以将肿瘤内的葡萄糖转变为过氧化氢，而四氧化三铁纳米颗粒可以将过氧化氢进一步转变为强氧化性的羟基自由基，从而杀死癌细胞。通过这种方法，便可以将肿瘤内大量存在的物质通过催化反应转变为足量的活性氧，抑制肿瘤生长。

纳米催化医学可以实现运用原本无毒或低毒的纳米颗粒，通过在肿瘤内引发原位催化反应，产生具有毒性的活性氧，从而造成癌细胞的氧化损伤。由于材料本身无毒，且催化反应仅在肿瘤内产生，这样便可以提升治疗效率并降低副作用，减少患者痛苦。由于纳米颗粒独特的尺寸效应，纳米颗粒在通过静脉注射进入血液中时，可以通过EPR效应在肿瘤内富集，从而发挥抗癌作用。为了更好地引发和控制催化反应，科学家们还设计了一系列可以通过物理源（光、声、磁等）激发的纳米催化医学材料。例如，在光/超声作用下，二氧化钛纳米颗粒可以通过产生电子-空穴对与周围水和氧气反应产生活性氧杀死癌细胞（被称为“光动力/声动力肿瘤治疗”）[4]；磁场的改变也可以引发特定复合纳米颗粒的磁致伸缩压电效应，产生活性氧而抑制肿瘤生长[6]。物理激发源的引入，进一步提升对催化反应过程的时空调控，最终提升肿瘤治疗效率。

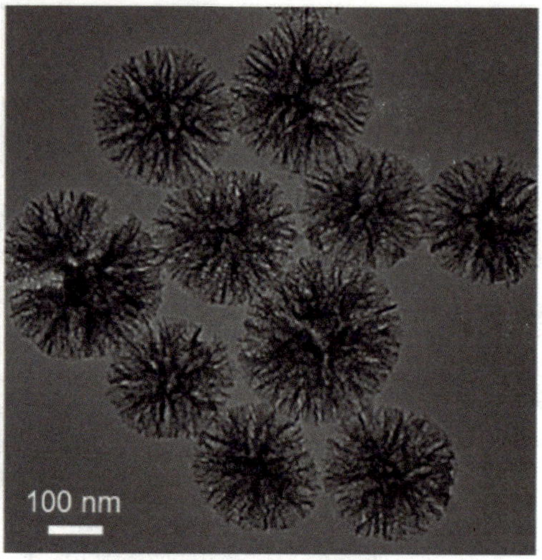

图5　同时负载葡萄糖氧化酶和四氧化三铁纳米颗粒的纳米材料

其他疾病的催化治疗

除了产生活性氧杀死癌细胞，纳米催化医学材料也被用于清除活性氧（即抗氧化）保护正常细胞，可用于心血管、骨组织等相关疾病的治疗。由于活性氧的含量高是这些疾病的关键病因，因此清除活性氧有望实现对这些疾病的治疗，发挥“解毒”功效。目前，临床上使用的用于清除活性氧的抗氧化药物有乙酰半胱氨酸、辅酶Q10、依达拉奉、维生素C、维生素E等，但是其治疗效率低下。这主要是由于这些药物在血液中很快就被氧化，很难到达病灶发挥作用。从化学反应的角度出发，这些药物在反应中充当“反应物”的角色，反应过程不断消耗，抗氧化效果难以持续。构建新型纳米催化材料，在病灶引发高效、持续的催化抗氧化反应，有望提升活性氧的清除效率，从而为缓解心血管疾病在内的重大疾病提供可行办法。

近期，越来越多的纳米催化医学材料被开发出来用于疾病的抗氧化治疗：美国威斯康星-麦迪逊大学蔡伟波教授的研究团队合成了超小的钼基多金属氧酸盐纳米颗粒，用于急性肾损伤区域活性氧的清除[7]；中国科学院生物物理研究所阎锡蕴院士等人报道了一种单原子铁纳米催化剂用于清除眼部的活性氧抑制视网膜血管病变[8]；中国科学院长春应用化学研究所曲晓刚研究员的研究团队合成了一种钴元素掺杂的纳米催化剂用于清除脓毒症病灶的活性氧[9]；南京大学魏辉教授的研究团队制备了具有抗氧化效果的复合氧化物纳米催化剂，可提升炎症性肠病的治疗效率[10]；中国科学院上海硅酸盐研究所运用二氧化铈纳米颗粒清除大脑中风区域多余的活性氧（图6）[11]，并于近期分别运用铁氰化镁纳米颗粒和单宁酸铈纳米颗粒清除心脏区域的活性氧，实现心脏功能的保护以及缓解心肌梗死之后的缺血-再灌注损伤[12-13]。

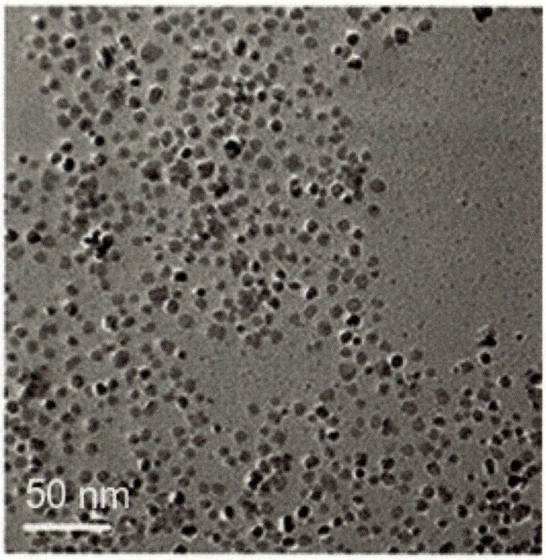

图6　用于清除大脑活性氧治疗中风的二氧化铈纳米颗粒[11]

随着纳米技术的不断发展，以及人们对于活性氧在疾病发展中的作用探究的不断深入，在未来将会有更多的纳米催化医学材料被探索研制出来，用于重大疾病的高效、安全治疗，为人类健康做贡献。这种在疾病治疗中使用“催化剂”的思路和理念，将被更多的人所接受，为临床疾病治疗提供可行的办法。

参 考 文 献

[1] Winterbourn C C. Reconciling the Chemistry and Biology of Reactive Oxygen Species [J]. Nat. Chem. Biol., 2008, 4(5): 278-286.

[2] Yang B, Chen Y, Shi J. Nanocatalytic Medicine [J]. Adv. Mater., 2019, 31(39): e1901778.

[3] Zhang C, Bu W, Ni D, et al. Synthesis of Iron Nanometallic Glasses and Their Application in

Cancer Therapy by a Localized Fenton Reaction [J]. Angew Chem. Int. Ed. Engl., 2016, 55(6): 2101-2106.

[4] Yang B, Chen Y, Shi J. Reactive Oxygen Species (ROS)-Based Nanomedicine [J]. Chem. Rev., 2019, 119(8): 4881-4985.

[5] Huo M, Wang L, Chen Y, et al. Tumor-selective Catalytic Nanomedicine by Nanocatalyst Delivery [J]. Nat. Commun., 2017, 8(1): 357.

[6] Ge M, Xu D L, Chen Z X, et al. Magnetostrictive-Piezoelectric-Triggered Nanocatalytic Tumor Therapy [J]. Nano. Lett., 2021, 21(16): 6764-6772.

[7] Ni D, Jiang D, Kutyreff C J, et al. Molybdenum-based Nanoclusters Act as Antioxidants and Ameliorate Acute Kidney Injury in Mice [J]. Nat. Commun., 2018, 9(1): 5421.

[8] Zhang R, Xue B, Tao Y, et al. Edge-Site Engineering of Defective Fe-N(4) Nanozymes with Boosted Catalase-Like Performance for Retinal Vasculopathies [J]. Adv. Mater., 2022, 34(39): e2205324.

[9] Cao F, Zhang L, You Y, et al. An Enzyme-Mimicking Single-Atom Catalyst as an Efficient Multiple Reactive Oxygen and Nitrogen Species Scavenger for Sepsis Management [J]. Angew Chem. Int. Ed. Engl., 2020, 59(13): 5108-5115.

[10] Wang Q, Cheng C, Zhan S, et al. A Valence-Engineered Self-Cascading Antioxidant Nanozyme for the Therapy of Inflammatory Bowel Disease [J]. Angew Chem. Int. Ed. Engl., 2022, 61(27): e202201101.

[11] Bao Q, Hu P, Xu Y, et al. Simultaneous Blood-Brain Barrier Crossing and Protection for Stroke Treatment Based on Edaravone-Loaded Ceria Nanoparticles [J]. ACS Nano., 2018, 12(7): 6794-6805.

[12] Huo M, Tang Z, Wang L, et al. Magnesium Hexacyanoferrate Nanocatalysts Attenuate Chemodrug-induced Cardiotoxicity through an Anti-apoptosis Mechanism Driven by Modulation of Ferrous Iron [J]. Nat. Commun., 2022, 13(1): 7778.

[13] Wang L, Qiu S, Li X, et al. Myocardial-Targeting Tannic Cerium Nanocatalyst Attenuates Ischemia/Reperfusion Injury [J]. Angew Chem. Int. Ed. Engl., 2023, 62: e202305576.

金刚石

——从璀璨宝石到科技巅峰的硬核逆袭

李　赫*

“没有金刚钻，别揽瓷器活。”金刚石，也叫钻石，这种自然界中最坚硬的物质，自古以来就以其无与伦比的硬度和璀璨的光泽吸引着人类的注意。当你在珠宝店看到一颗“八箭八心”的大钻戒时，可曾想到这颗光彩夺目的碳元素结晶体，正在上演着“科技与狠活”的逆袭大戏。

现在让我们来开启上帝视角，穿越46亿年的时空隧道，看看这个自然界里最硬的天然物质是如何从地球深处到现代高科技实验室，经历着一场从“软萌”到“硬核”的传奇旅程。

地球深处的烹饪秘籍：一场亿万年的高压慢炖

如果把石墨比作碳原子“躺平”的二维世界，那么金刚石就是碳原子在三维空间里的“内卷”产物。每个碳原子与四个邻居手拉手，形成坚不可摧的正四面体结构(图1)。这种排列让金刚石在硬度榜上稳坐冠军，硬度是钢铁的58倍，甚至能轻松在玻璃上刻下“到此一游”。

然而，要想让“躺平”的碳原子成功地“内卷”起来，可不是一件容易的事情。地球母亲为了改造这些懒惰的家伙，动用了她的“秘密厨房”。在150～200千米深的地幔“厨房”里，碳元素正在经历一场“变形记”。这里温度可达900～1300 ℃，压力相当于40000个大气压(4 GPa)，相当于把埃菲尔铁塔倒过来压在你的指甲盖上。在这样炼狱般的环境中，“躺平”的碳原子们在这口高压锅里被迫“内卷”，经过数百万年甚至数十亿年的“慢火熬制”，形成完美的正四面体结构，慢慢结晶成为璀璨的金刚石。

* 李赫，中国科学院宁波材料技术与工程研究所研究员。

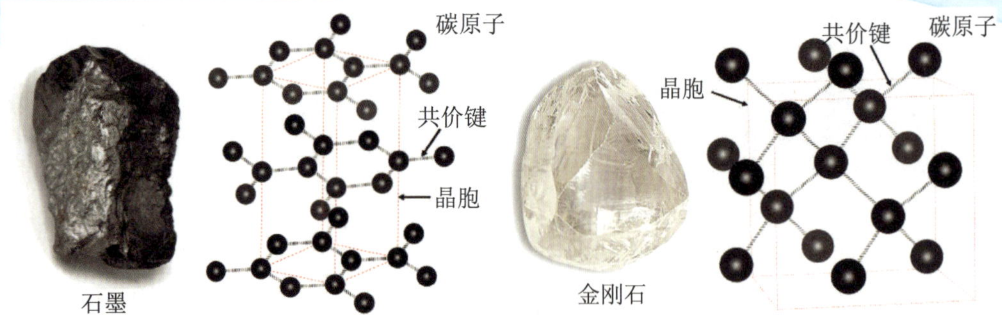

图1　石墨和金刚石的结构示意图

这些养在“深闺”的地下珍宝静静地待在高温高压的地幔中，等待合适的时机到地面上来震惊世界。金伯利岩管就是金刚石出行的特别通道。这些岩管就像是地球高压锅的天然泄压阀，当火山喷发时，金刚石就搭乘岩浆高铁，以每秒30米的速度通过岩管狂奔到地表（图2）。如果在路上耽搁了，那么它们就会再次“躺平”，退化成石墨。天然金刚石的形成条件是如此苛刻，所以地表附近的天然金刚石是非常稀少的，即使在钻石矿场里，想要找到1克拉的钻石，矿工们也是需要花费大力气的。

图2　天然金刚石形成示意图

在宇宙中，其他星体上是不是也有金刚石存在呢？科学家们在调查天外来客的陨石中，曾经发现过纳米级的金刚石，这说明不甘“躺平”的碳元素可能普遍存在宇宙中，并在进行星际旅行。

从血腥历史到科技宠儿：人类的钻石情结

公元前4世纪的印度河畔，人类第一次为这种“不可战胜的石头”神魂颠倒。中世纪的欧洲贵族相信钻石能驱魔，梵蒂冈教廷甚至用它来“消毒”教皇的酒杯。19世纪南非矿场的发现掀起了“钻石热”，著名的“非洲之星”原石重达3106克拉，切割后成为英国王冠上的明珠。因为钻石具有巨大的经济价值，控制钻石开采能够获取巨额利润，所以自从发现钻石开始，流血冲突一直伴随着钻石发展的历史。

自19世纪晚期以来，戴比尔斯(De Beers)公司逐渐控制了全球的钻石开采、加工和销售。在第二次世界大战结束后，为了更好地推销钻石产品，戴比尔斯公司通过旗下的钻石贸易公司提出了“A diamond is forever”的口号，把钻石和爱情紧紧联系在一起。这句经典的广告语有一个广为人知的中文版本——“钻石恒久远，一颗永流传”，使中国人从佩戴黄金的传统逐渐演变成了以佩戴钻戒作为爱情信物的婚俗。

尽管金刚石长期以来以贵重的钻石的形象出现在人们的生活中，但它的高光时刻还是人类社会进入工业革命后才真正到来。除了因为金刚石的高硬度而用于工业切割打磨以外，它优异的光学性质、导热性质、声学性质等，也使其在工业界大放异彩，特别是当掺杂了其他元素后，它还能变身半导体，在芯片和量子计算领域大显身手。

金刚石是如此优异的材料，可是天然金刚石的数量和价格严重限制了它的广泛应用，于是科学家们就开动脑筋，探索如何摆脱自然界的束缚，实现人工制造金刚石的方法。

极限操作：高温高压下的暴力美学

既然地幔厨房里可以烹饪出金刚石，那么在实验室里复刻地幔厨房的高温和高压环境，是不是也能够制造出金刚石呢？人造金刚石的研究始于18世纪末，当时科学家们开始尝试通过模拟天然金刚石的形成条件来合成这种珍贵的材料。1797年，英国化学家史密森·坦南特(Smithson Tennant，1761—1815)首次确定金刚石由纯碳组成，为后续的人造金刚石研究奠定了理论基础。1893年，法国化学家亨利·莫瓦桑(Henri Moissan，1852—1907)①报道了他在高温下将碳溶解于铁中，然后快速冷却以产生高压制备金刚石的试验，虽然未能成功得到金刚石，但他

① Henri Moissan，因为研究氟元素获得了1906年的诺贝尔化学奖。

的工作为后来的研究提供了重要启示。到了20世纪初期，科学家们意识到了高温高压可能是制造金刚石的关键条件，于是他们开始尝试使用各种设备来模拟地幔的环境。然而，这些努力大多以失败告终，主要因为当时的材料和技术方面还不成熟。

时间来到了20世纪40年代，第二次世界大战虽然带来了巨大的破坏，但是在某种程度上加速了科学技术的进步，尤其是高压技术的发展，让科学家们逐渐掌握了更高压力和温度的控制方法。1954年，在美国通用电气公司①的实验室里，科学家们把石墨、金属催化剂和铁砧玩出了新花样，他们成功地复刻了地幔"厨房"的秘方。石墨、金属催化剂（铁镍合金）被塞进能够承受极高压力和温度的液压机中，在施加了超过5万个大气压和1300 ℃以上的高温后，"躺平"了的石墨终于神奇地在人力作用下转化成了金刚石。尽管这颗金刚石很小而且满是瑕痕，但是这波操作就像在自家厨房用高压锅烹饪出了钻石，人类的大厨终于可以和大自然的厨师同场竞技了。人造金刚石的时代就要到来了。

随着技术的进步，高温高压设备也不断进行改进，六面顶压机的发明能够提供更高的压力并实现更精确的温度控制（图3）。科学家们不断对原料配方进行改进，通过加入更多的金属催化剂来降低反应温度，提高合成效率，使生产过程也逐渐稳定高效。进入21世纪后，现代的高温高压设备已经实现了自动化控制，人造金刚石的生产效率大幅度提高，而且人工操作的风险也大大降低了。如今，高温高压法已经成为人造金刚石的主要生产方法。根据中国机床工具工业协会超硬材料分会的统计数据，河南省采用高温高压法生产的人造金刚石的年产量就超过了70亿克拉，占全球总产量的85%以上。

以柔克刚：化学家的魔术表演

在科学家们研究高温高压法制备人造金刚石的同时，还有一批化学家希望能够不依靠复杂的设备在低成本下合成人造金刚石。因为金刚石是碳元素的同素异形体已经广为人知，并且有机化学也在不断发展，化学家们开始研究如何通过气相化学反应来制造金刚石。20世纪早期，维尔纳·冯·博尔顿（Werner von Bolton，1868—1912）就尝试过在汞蒸气环境下通过分解乙烯来生长金刚石。1953年，海因茨·施梅伦迈尔（Heinz Schmellenmeier，1909—1994）在实验中通过分解乙酰烯获得了一种碳元素薄膜。他制备的碳膜在X射线光谱下显示了两条最强的金刚石峰，而没有观察到石墨峰，说明他很有可能成功地制出了金刚石。

① 通用电气公司（General Electric Company，简称GE），1892年由位于纽约州的爱迪生通用电气公司和位于马萨诸塞州的汤姆孙-豪斯顿电气公司合并成立。在1953年，瑞典的ASEA公司（现ABB公司）就成功地造出了金刚石，但是没有公开，也没有申请专利。

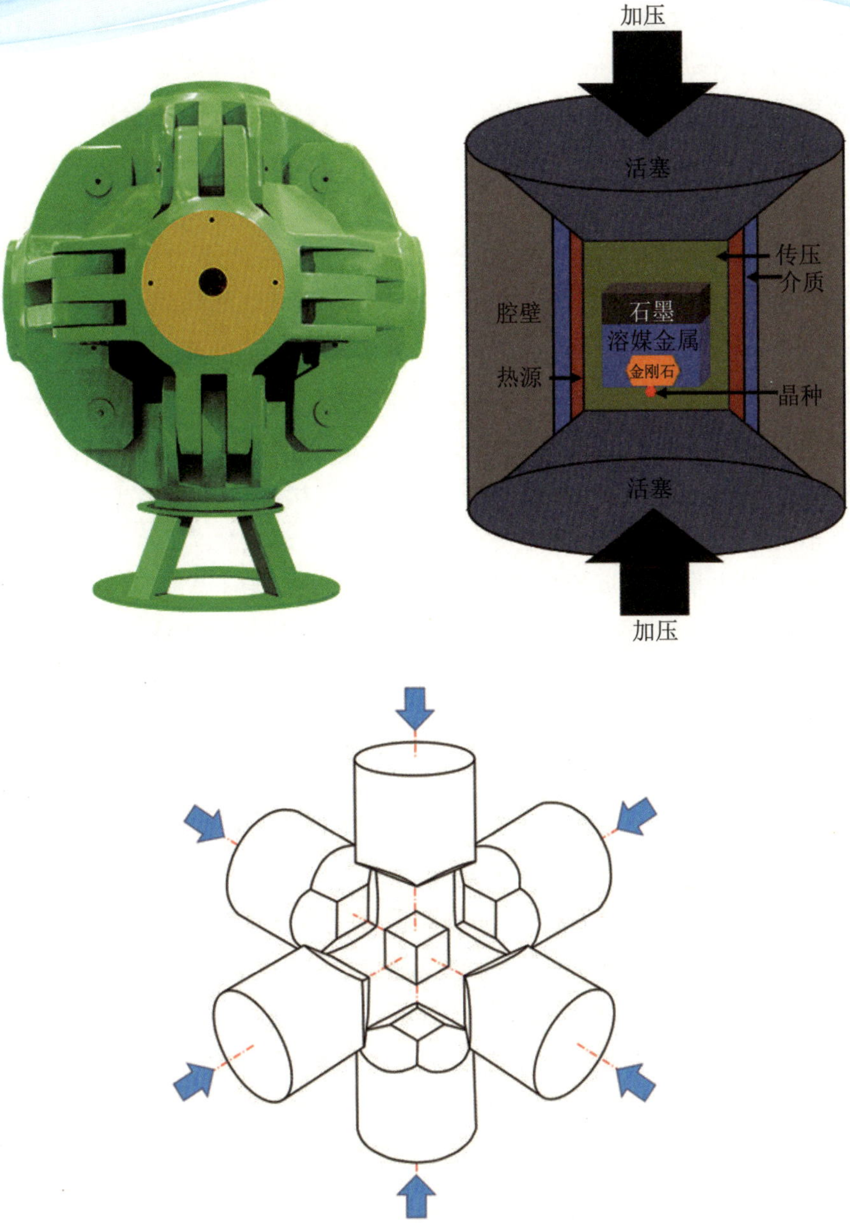

图3　六面顶压机示意图及其高温高压法制备金刚石的原理

同样在1953年，威廉·埃弗索尔（William Eversole）领导联合碳化物公司（Union Carbide Corporation）的科研团队，使用低分子量的碳氢化合物及一氧化碳在金刚石粉体上成功地制出了金刚石。通用电气公司也尝试了采用气相合成的方法来制备金刚石，他们尝试了包括一氧化碳、甲烷等多种含碳化合物，但是没有观察到金刚石的生长。当1954年高温高压法制出金刚石取得成功后，通用电气公司就不再尝试气相合成法了，但是美国学者约翰·安格斯（John C. Angus，1934—

2023)等继续发展化学气相沉积制备金刚石的相关理论研究，阐明了金刚石生长的机理，包括氢在反应中的作用。20世纪70年代，苏联科学家在新西伯利亚的俄罗斯科学院实验室中首次成功使用热丝化学气相沉积法，在非金刚石基底上制出了微米级金刚石颗粒。这种方法通过加热钨丝或其他材料产生高温，使气体碳化(如甲烷)分解并在基底上沉积金刚石薄膜，降低了金刚石薄膜的生产成本。

相对高温高压法，化学气相沉积法制备金刚石时的压力和温度较低，不但可以制备金刚石块体，还能够制备金刚石薄膜，并且可以通过调控反应物和反应速率来获得质量更好的金刚石产品，因此被认为是一种非常有潜力的金刚石制备方法。随着20世纪90年代微波技术的发展，利用微波能量产生高温等离子体来分解碳氢气体，从而在基底上沉积金刚石的方法开始崭露头角。这种方法比较稳定，沉积速率高，基底温度较低，特别适合制备大尺寸高品质单晶金刚石，促进了化学气相沉积法制备金刚石的发展。

中国采用化学气相沉积技术制备金刚石的研究始于20世纪80年代，科学家们开展了大面积光学级金刚石膜制备技术的攻关，逐步实现从实验室研究到工业应用的过渡。进入21世纪后，随着化学气相沉积技术快速发展，采用化学气相沉积法逐步实现了生产人造金刚石的工业化生产，人造金刚石的尺寸不断增大，品质也不断提升。中国科学院宁波材料技术与工程研究所和宁波晶钻科技股份有限公司建立了中国第一条采用化学气相沉积技术制备单晶金刚石的生产线，每年可以生产数百万克拉的高品质单晶金刚石(图4)。

化学气相沉积法制备金刚石时，碳原子像下雪般优雅地沉积在金刚石籽晶片上，金刚石就像获得了营养的蔬菜一样不断长大，所以人们戏称这种方法是在“种钻石”。由于家用微波炉的普及，有人脑洞大开，在一个科学论坛上①提出了使用家用微波炉和花生酱来制备金刚石的思路。此外还有人提出用家用微波炉和橄榄油来制备人造金刚石的方案。然而，要让家用微波炉满足制备金刚石的条件几乎是不可能的，所以想用家用微波炉来变这个魔术的同学们还是省省力气吧。

天选之子：金刚石的十八般武艺

金刚石是自然界中最硬的天然物质，这与它独特的原子结构和化学键特性密不可分。按照分子轨道理论，金刚石中的碳原子通过sp^3杂化轨道形成四面体结构，每个碳原子与周围四个碳原子以共价键紧密连接，构成三维网状晶体。C—C键长仅0.154纳米，原子间距极小，增强了结构的刚性，而且单个C—C键的键能高达347 kJ/mol，远远高于其他矿物中的化学键。碳原子的四个价电子完全参与成

① https://www.scienceforums.com/topic/788-make-diamond-out-of-your-microwave/.

键，电子云重叠程度高，具有严格的取向性，原子间的作用力均匀分布，抵抗形变能力极强。

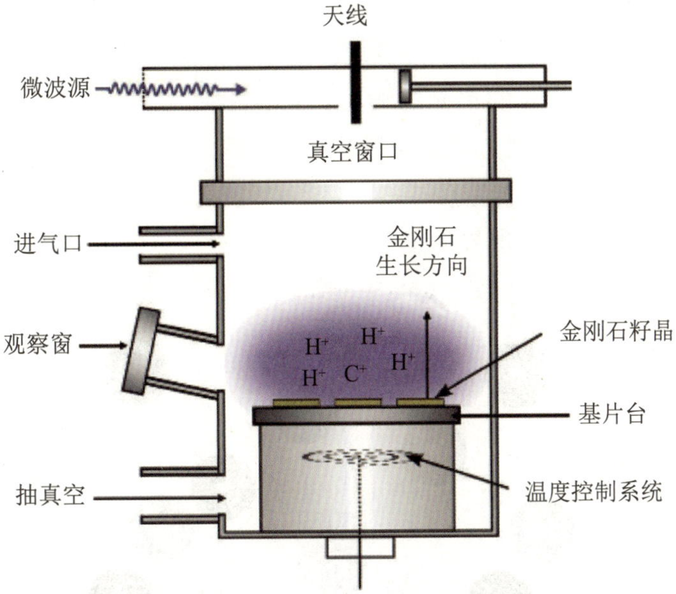

图4　化学气相沉积法制备单晶金刚石示意图及生产线

这样的结构除了为金刚石带来了硬度上的优势之外，还使得它成为了一种极其优异的导热材料。还是因为金刚石的原子结构和化学键，它成为了一种电绝缘体，导热不依赖自由电子，而是通过晶格振动（声子）来传递。高强的共价键使金刚石的晶格振动频率高，高度有序的原子排列极大地降低了声子在传播过程中的散射概率，使金刚石的导热率可以达到2200 W/(m·K)。所以金刚石成为高功率器件散热的首选材料。而声波在金刚石中的传递方法也是相同的。与在空气中传播的速度（约340 m/s）相比，在金刚石中声波的传播速度被大大加快了，可以达到18 km/s所以在声学设备上，金刚石也能大展身手。

在光学领域，金刚石也是一个战力超群的“六边形”战士，从225纳米的紫外光到25微米的红外光都能轻松穿透它的身体，这简直是为深紫外激光窗口、红外热成像镜头量身定制的好材料。它的折射率高达2.42，却几乎不产生色差，在显微镜镜头的工作岗位上有极为出色的表现。最硬核的是它无愧于“金刚”的称号，在能量密度高达10 GW/cm^2的激光的洗礼下毫不畏惧，堪称光学器件里的硬汉。更有趣的是，有的金刚石在紫外灯下会发出荧光，表现出多彩的颜色，这里面还藏着量子世界的通关密码——氮空位中心，也叫NV色心(N代表氮元素，V代表空位，图5)[①]，使它成为未来量子世界的基石。

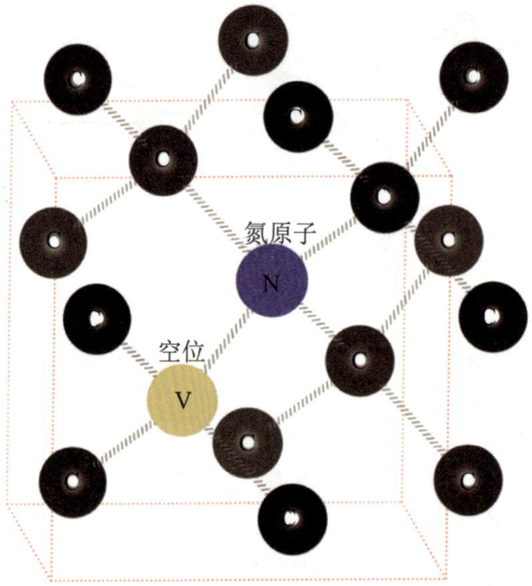

图5　带有NV色心的金刚石

科技界的新宠：金刚石的舞台

金刚石还是一种超宽带隙的半导体材料[②]，其带隙宽度为5.47 eV，远远超过硅(1.12 eV)、碳化硅(3.3 eV)、氮化镓(3.4 eV)等半导体材料，被认为是“终极半导体”材料。超宽带隙使金刚石具有极佳的抗介电击穿能力(10 MV/cm)，能够在超高电压下稳定工作，同时超宽带隙还减少了电子传输中的散射，使其特别适合

① 氮空位中心是金刚石中的碳原子被氮原子取代而带来的一种点缺陷，具有光致发光的特点。氮空位中心的自旋局域在原子尺度，可以在室温下通过外加电场、磁场、微波辐射或光来进行操控，使其光致发光强度产生共振。这些共振现象与电子自旋的量子纠缠、自旋轨道耦合等相关。

② 带隙宽度是半导体的一个重要特征参数，其大小主要取决于半导体的能带结构，与晶体结构和原子结合性质等有关。金刚石在一般情况下是绝缘体，在高温下(数百摄氏度以上)，金刚石也呈现出半导体特性，可用于制造工作温度达到500 ℃以上的晶体管。

制作高功率电子器件。在引入硼、氮、磷等元素后，金刚石的电子性质可以得到显著改变，使其在电子器件和量子传感器中的应用成为可能。例如，硼掺杂金刚石表现出优异的p型半导体特性，可用于制备高温、高功率电子器件。可以想象，在硅基半导体逼近“摩尔定律”[①]的极限后，金刚石将毫不犹豫地扛起下一代碳基半导体的大旗。

长久以来，金刚石作为贵重的宝石，象征着权力和财富。尽管它具有极为优异的物理特性，可是昂贵的价格就像一座大山阻碍了它的广泛应用。当人们可以批量制出尺寸又大、品质又好的金刚石后，金刚石马上就成了科技界舞台上最耀眼的明星。

工业界很早就开始应用金刚石作为切削和磨削工具了。那些在宝石界被“弃之如敝屣”的小颗粒金刚石在工业界可是宝贝，它们被广泛地用于制造地质钻头、切削刀具等工具。我国最近在塔里木实现的万米深井“塔科一号”就是金刚石钻头的手笔。

在科技的加持下，作为十八般武艺样样皆能的超级战士，金刚石的舞台还大得很呢。作为一种性能优异的晶体材料，金刚石具有已知晶体材料中最大的拉曼频移（1332.3 cm^{-1}）和很高的拉曼增益。[②] 中国科学院的学者们利用金刚石晶体中的拉曼散射效应，把固定波长的激光转换成新波长的光（图6）。凭借金刚石逆天的热导率，他们把传统晶体激光器的功率大幅度提升，并获得了全频段的太赫兹激光光源[③]。太赫兹这个比微波细腻、比红外穿透力强的特殊频段，可以在安检成像、雷达遥感、高保密的数据通信与传输、生物检测领域大显身手。

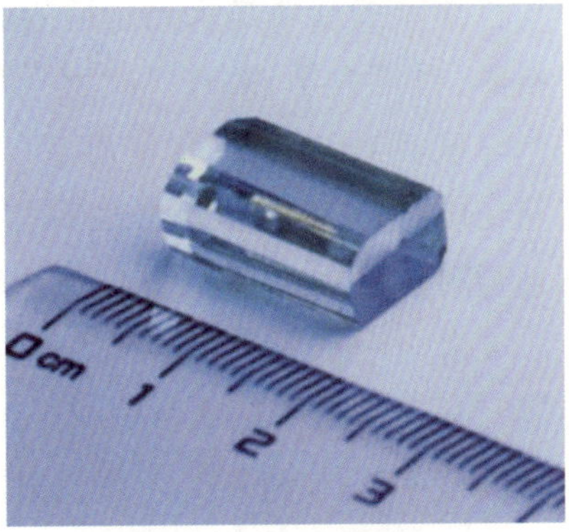

图6　金刚石光学晶体

随着环境监测、天文探测、核能以及辐射医学等领域的发展，深紫外探测器和核辐射探测器的性能要求也逐渐提升。由于金刚石材

① 摩尔定律（Moore’s law）是指集成电路上可容纳的晶体管数目，每隔约2年便会增加1倍，由英特尔创始人之一戈登·摩尔（Gordon Earle Moore）提出。

② 印度物理学家C. V. Raman发现光通过透明溶液时，有一部分光被散射后的频率与入射光相比发生变化。这种散射称为拉曼散射，该频率位移称为拉曼频移，也称拉曼位移，他因此获得了1936年的诺贝尔物理学奖。拉曼增益（Raman gain）是指由受激拉曼散射产生光学增益，利用这个效应可以制作拉曼放大器和拉曼激光器。

③ 太赫兹（THz）波是指频率在0.1～10 THz（波长为3000～30 μm）范围内的电磁波，在长波段与毫米波相重合，在短波段与红外光相重合。波长较长的电磁波的穿透能力较强。

料本身具有良好的性能，可以保持低噪声水平，提高探测的灵敏度和分辨率，同时在高能量辐射环境下还能保持长期的稳定性和可靠性，科学家们发展出了一系列的金刚石探测器，并朝着小型化集成化的方向进行优化，满足科学研究和安全防护领域的需求。

为了拓展金刚石在电子领域的应用，科学家们使尽了浑身解数。他们研发了多种金刚石表面处理技术，使金刚石表面的导电性能得到提升，可以形成高迁移率的二维空穴导电层，使器件的导电性显著增强。中山大学的研究团队就通过优化氢终端工艺，实现了高稳定性的金刚石场效应晶体管，适用于高频和高功率的应用，推动下一代通信和雷达系统的发展。科学家们还将过渡层和表面钝化技术引入金刚石材料的表面，设计出基于金刚石的肖特基二极管，现在已经在航空航天、工业电机以及高端医疗设备中实现了初步应用。

此外，因为金刚石具有良好的生物相容性，所以科学家们在生物医学领域对金刚石的应用也取得了突破。带有NV色心的荧光纳米金刚石颗粒能够实现精确的温度监测，增强光热疗法在抗癌治疗中的功效。金刚石涂层也被用于人工关节和牙科植入物等，科学家们还开发出了金刚石手术刀，让手术后的刀口愈合更加快速。

科学家的创新是永无止境的。当人们一直认为金刚石就是一种超级硬核的材料时，香港大学、南方科技大学和北京大学的学者们报道了一种人工合成的亚微米厚度、纳米级表面粗糙度、可以360°弯曲的大面积金刚石薄膜（图7），并探讨了它在传感器上的应用。[1]可以想象，在未来随着柔性金刚石器件的出现，将大大拓展金刚石材料的应用领域，让金刚石在科技的舞台上更加耀眼。

人造金刚石技术的发展历程，是人类在材料科学领域不懈探索与创新的生动写照。从最初的实验室探索，到如今的工业化大规模生产，人造金刚石技术的每一次突破都标志着人类在摆脱自然限制、创造高性能材料方面的巨大潜力。如今，人造金刚石已成为材料科学中极具影响力的重点研究方向，在多个关键应用领域取得了突破性进展。

展望未来，人造金刚石技术仍面临一些挑战，如进一步提高大尺寸单晶金刚石的生长效率、高效精密加工金刚石、开发新型掺杂技术等。然而，随着材料科学、物理化学和工程技术的不断进步，这些挑战将逐步得到解决。

也许在不远的未来，人造金刚石会在电子器件、量子技术、生物医学等领域发挥更加重要的作用，成为建造太空电梯、大型量子计算机、宇宙探测器和新型医疗器械的核心材料，助力人类走向星辰大海。

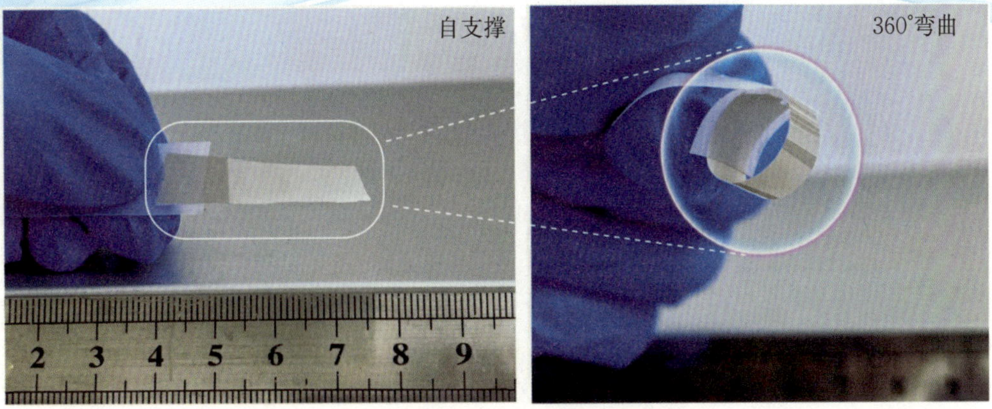

图7　可以360°卷曲的金刚石薄膜

参 考 文 献

[1] Jing J, Sun F, Wang Z, et al. Scalable Production of Ultraflat and Ultraflexible Diamond Membrane[J]. Nature, 2024, 636: 627-634. https://doi.org/10.1038/s41586-024-08218-x.

秸秆变木材
——禾塑复合材料护佑绿水青山

朱　锦　那海宁*

生活中无处不在的木材

木材是大自然赐予人类生存的宝贵材料，是源于木本植物的一种重要的自然资源，自古以来就与人类社会的发展紧密相连。它不仅是人类生活中不可或缺的材料，也是人类文明进步的重要标志。木材具有自然环保、质地坚韧、美观舒适、经济实用等特性，是建筑、家居、艺术品、纸业制造等领域的首选原料。木材美观自然、加工灵活、保温性能好、声学性能佳，具有天然纹理和色彩，在建筑行业、家具制造、室内装饰、艺术创作、包装行业、园艺景观等领域均得到了广泛应用。时至今日，木材仍是推动现代社会向前发展不可或缺的重要材料。

近年来，随着我国城乡建设规模的不断拓展，木材年消耗量激增至超过8亿立方米。然而，木材却是我国比较匮乏的资源，目前每人每年平均采伐量只有0.05立方米左右，远远满足不了需要。随着国家“碳达峰”“碳中和”战略目标的实施，以及对资源环境保护的越来越重视，木材的砍伐更将被大大限制。现阶段，中国木材进口依赖度已达到60%以上。为提高木材的综合利用率、缓解木材类产品供需矛盾，围绕木业边角料利用发展起来的人造板制造业应运而生。人造板因其物理性质稳定、使用效果好等优点，在家具领域得到广泛运用，成为我国重要的基础产业。多年来，我国人造板产量总体呈上升趋势，年产量超过3亿立方米，业已成为令人瞩目的世界人造板超级大国。

然而，由木材或人造板制造的各类制品，无论是家具、建筑材料还是日常用

---

* 朱锦，中国科学院宁波材料技术与工程研究所研究员。
那海宁，中国科学院宁波材料技术与工程研究所研究员。

品，都受到木材生长周期的限制。木材的生长周期取决于树种、气候条件、土壤质量等多种因素，通常需要数十年甚至上百年才能达到适合商业利用的大小和质量。例如，一些高档木材如柚木、红木等，其生长周期可能长达几百年。在木材加工过程中，原木需要经过砍伐、运输、干燥、切割、打磨等一系列步骤才能变成可用的制品。这些加工步骤需要消耗大量的时间和能源。此外，木材在使用过程中还会受到环境因素的影响，如湿度、温度变化等，可能导致变形或损坏。因此，木材制品的生产和使用都受到木材生长周期的制约，这也是木材资源相对稀缺，需要合理开发和保护的原因。随着科技的发展，人们正在探索使用替代材料和改进加工技术来减少对木材的依赖，以实现可持续发展。

木材的替代材料——禾塑复合材料

要获取可用于木材替代材料，就需要从微观上模拟出木材的结构。木材主要由纤维素、半纤维素和木质素组成(图1)。首先，纤维素作为木材细胞壁的主要承载结构，是由葡萄糖分子通过β-1,4-糖苷键连接而成的线性高分子。这种结构赋予了纤维素高度的结晶性和方向性，使得木材具有良好的机械强度和稳定性。纤维素的这种特性也决定了木材在加工和利用过程中优异的抗拉强度和抗压强度。其次，半纤维素与纤维素紧密结合，填充在纤维素纳米纤维之间。半纤维素不仅增加了木材细胞壁的强度，还提高了其韧性。这意味着木材在受到外力作用时，能够更好地吸收能量，减少断裂的可能性。此外，半纤维素的存在还有助于提高木材的水分保持能力和尺寸稳定性。最后，木质素是一种复杂的三维酚类高分子，它具有芳香环结构和多种官能团。木质素与半纤维素和纤维素相互交织，构成了木材细胞壁的主要成分。木质素的存在不仅增强了木材的硬度和耐久性，还赋予了木材特有的色泽和气味。

基于对禾本来源农作物秸秆中富含植物纤维与木本植物纤维在微观属性上具有极大相似性的认识，中国科学院的学者在国际上首次提出直接利用农作物秸秆中的原生植物纤维制备高含量、长纤维状植物纤维填充塑料制备“禾塑复合材料”的概念与方法，运用秸秆植物纤维打造高性能的人造复合材料，用于木材替代。在禾塑复合材料生产制造过程中(图2)，重点采用自主研发的新型高速混合设备，形成了协同计料、投料、混合、复合、卸料、冷却、造粒、成型为一体的自动化工艺控制步骤，实现天然植物纤维与塑料的高填充精确计量与快速均质化复合成型。

在高分子复合材料领域中，纤维填充是增强材料性能的一种常用手段，常见的如碳纤维、玻纤等都被用于增加材料的强度和模量。目前市场上常见的木塑采用的是100目级的木粉填充，那么其为什么不用类似的木/草纤维呢？原因是高分子复合材料的共混采用的是双螺杆挤出机，首先，大量柔软细长的植物纤维进入挤出机后巨大的摩擦力会将挤出机抱死，使得双螺杆无法转动；其次，木纤维草纤维密度很小，当大量通过挤出机进料口时会浮在料桶上端，无法准确计量以及下料。

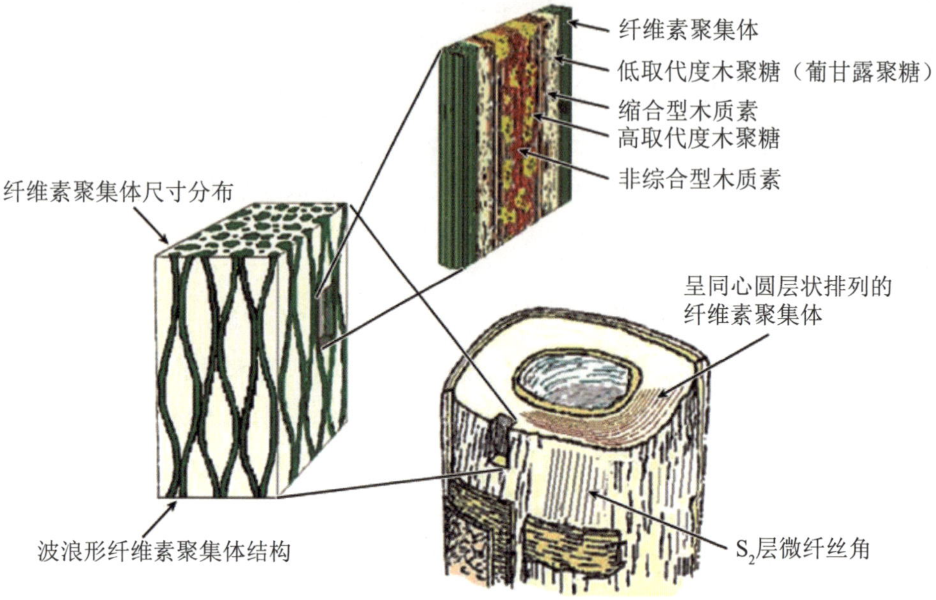

图1　木材的内部结构

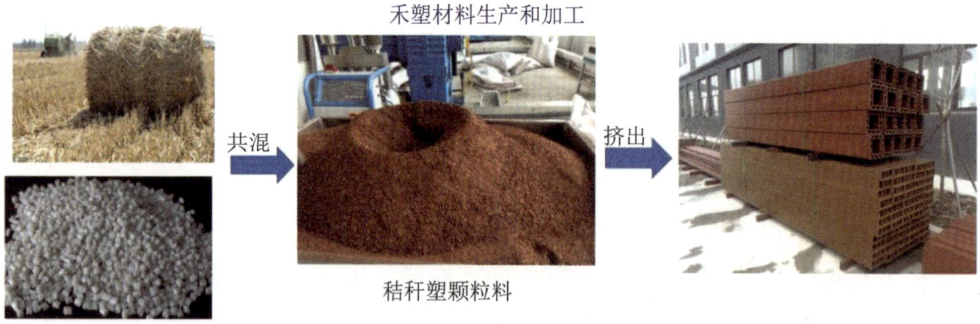

图2　禾塑复合材料的生产和加工

同时该技术具有极强的包容性，各类富含植物纤维的农作物（包括玉米、小麦、水稻等）与经济作物（棉花、芦苇、棕榈、竹子及麻等）的秸秆经简单粉碎后，均可作为禾塑复合材料的原料直接使用，各类塑料（包括聚乙烯、聚丙烯、聚氯乙烯以及城市垃圾分类回收塑料）可以作为树脂基体。在禾塑复合材料中，以禾本植物纤维代替木材中的纤维素纤维，塑料代替木材中的木质素和半纤维素作为黏合剂，在材料微观结构充分体现了“钢筋混凝土”式结构的特点，由其形貌图（图3）可见，与古时候的黄泥墙（图4）中添加稻草有异曲同工之妙！人工合成出使用性能上可与天然木材媲美的“人造木材”。

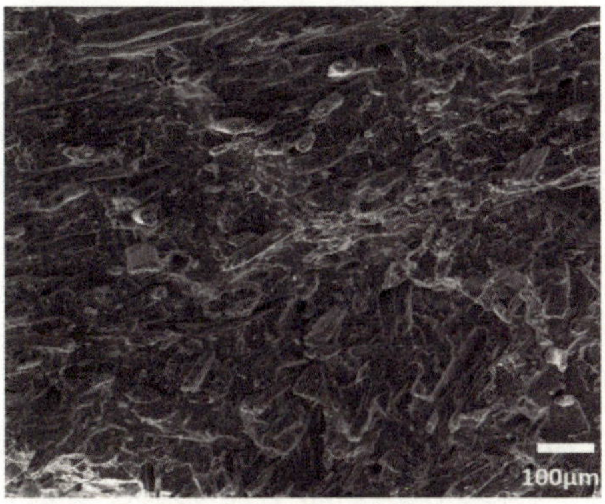

图3　禾塑复合材料形貌

图4　黄泥墙形貌

禾塑复合材料具有高强度、轻质、耐老化、抗疲劳等特点,用于在户外景观、室内装饰等领域中的栈道、地板、护栏、木屋、凉亭等制品的建造(图5、图6)。

图5　复合禾本植物纤维的禾塑复合材料

图6　禾塑复合材料的实地应用

禾塑木材为绿水青山增添光彩

秸秆是植物在生长过程中通过光合作用吸收了大量二氧化碳而形成的生物质资源。然而，秸秆作为农业生产过程中产生的副产品，传统上往往被视为废弃物，很多地方采取焚烧的方式处理，这不仅浪费了资源，还会重新将二氧化碳释放到大气当中，产生空气污染。

禾塑复合材料技术的问世，使农作物收割后留下的秸秆通过物理、化学或生物技术手段转化为高附加值的产品，从而实现秸秆资源的最大化利用。这种利用方式不仅能够减少因秸秆焚烧带来的环境污染，还有助于提高农业资源的综合利用效率，促进农业可持续发展，对于农业生态环境保护和资源循环利用具有重要意义。它可以帮助减少农业废弃物的排放，减轻对土壤和水源的污染压力，同时也能够提高农民收入，为农业生产提供新的经济增长点。

禾塑复合材料作为大规模秸秆离田利用的重要手段，其秸秆植物纤维填充复合含量高，这些植物纤维在生长过程中通过光合作用吸收了大量的二氧化碳，所吸收的碳在这些植物纤维被转化为禾塑复合材料的同时被固定在材料中，因此展现了强大的固碳能力。不仅如此，禾塑复合材料的减碳潜力体现在其生产过程和使用寿命结束后的处理方式上。首先，禾塑复合材料的生产过程相对简单，能耗较低，因此相比于传统的塑料或木材生产，可以减少能源消耗和碳排放。其次，由于禾塑复合材料具有良好的耐用性，其使用寿命通常较长，减少了频繁更换产品的需求，从而减少了废弃物的产生和相关的碳排放。最后，禾塑复合材料在使用寿命结束后可以通过回收再利用或生物降解的方式进行处理，进一步减少了对环境的负担，并且在固碳和减碳方面具有显著的潜力，已经在实际应用中展现出了良好的效果(图7)。

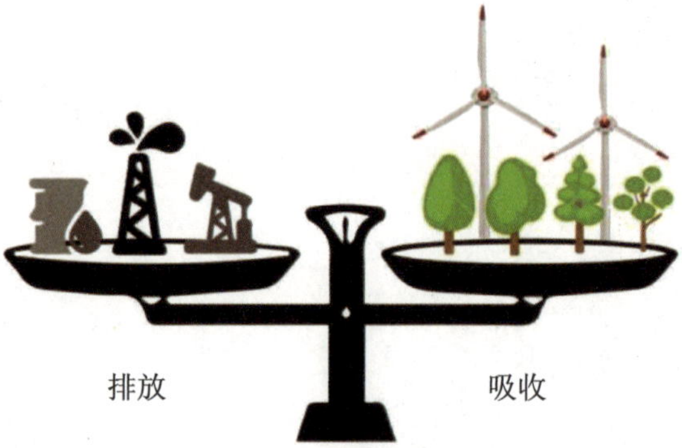

图7　通过加强碳吸收、减少碳排放实现碳中和

展　望

随着禾塑复合材料技术的不断进步，未来的研究将更加注重其性能的优化和应用的拓展。一方面，将继续开展原材料选型和改性工艺设计，以期进一步提高禾塑复合材料的综合性能；另一方面，针对可降解、可回收材料领域的需求，致力于禾塑复合材料的可回收性和生物降解性的研究，以满足日益严格的环保法规和市场需求。禾塑复合材料凭借其独特的性能优势，未来将在更多领域得到广泛应用。在建筑领域，禾塑复合材料可以作为木材的替代品，用于门窗、地板、装饰墙板等产品的制造，不仅具有优异的物理性能，还能实现木材的可持续利用。在园林景观和家庭装修领域，禾塑复合材料可以用于制作公园长椅、亭廊、栅栏等户外设施，以及家具板材和地板基材等室内装修材料，为人们的生活环境增添更多的绿色元素。此外，禾塑复合材料在物流包装、交通设施、一次性餐饮具等领域也具有广阔的应用前景，可以替代传统的塑料和木材制品，降低环境污染和资源消耗。随着技术的不断进步和成本的进一步降低，禾塑复合材料有望在更多领域实现替代，如汽车零部件、电子产品外壳等。

未来禾塑复合材料有望在更多领域发挥其环保优势，为助力生态文明建设、推动人与自然更和谐的发展、建设美丽中国做出更大贡献。

哆啦A梦的神奇照相机
——生物3D打印技术

毛宏理　曹淑君　顾忠伟*

哆啦A梦的神奇照相机

谁的童年不想拥有"蓝胖子"的神奇口袋！随着科技的发展，我们在《哆啦A梦》里看到的"神奇道具"，在今天真的走进了现实！还记得哆啦A梦曾经用一个神奇的相机拍摄房子，随后一个个立体的小房子就出现了，包括房子里与现实一样的桌椅板凳等(图1)。这项新技术就是现在的3D打印，它不但可以打印房子、汽车、服装等，还可以打印出人体的组织/器官，是目前研究火热的一项技术！当3D打印技术应用于生物医疗领域时，通常被称为生物3D打印技术。

图1　哆啦A梦的神奇照相机(来自动漫《梦想的城镇——大雄之国》)

* 毛宏理，南京工业大学材料科学与工程学院教授。
曹淑君，南京工业大学材料科学与工程学院博士后。
顾忠伟，南京工业大学材料科学与工程学院教授。

生物材料与生物3D打印技术

目前，用于3D打印的生物材料品种很多，主要包括金属材料（如碱金属及其合金等）、无机材料（生物活性陶瓷、羟基磷灰石等）和有机材料等类别。有机材料分为合成高分子材料（聚氨酯、聚乳酸、乳酸乙醇酸共聚物及其他医用合成塑料和橡胶等）和天然高分子材料（如胶原、丝蛋白、纤维素、壳聚糖等）。

生物3D打印是通过对患者病变部位进行扫描成像并转换为3D模板后，利用一种被称为“生物墨水”的材料打印出缺损部位组织/器官。打印完的组织/器官随后植入人体，以期恢复正常的组织/器官结构和功能（图2）。这种神奇的“生物墨水”通常由生物材料、生物活性分子和活细胞组成。

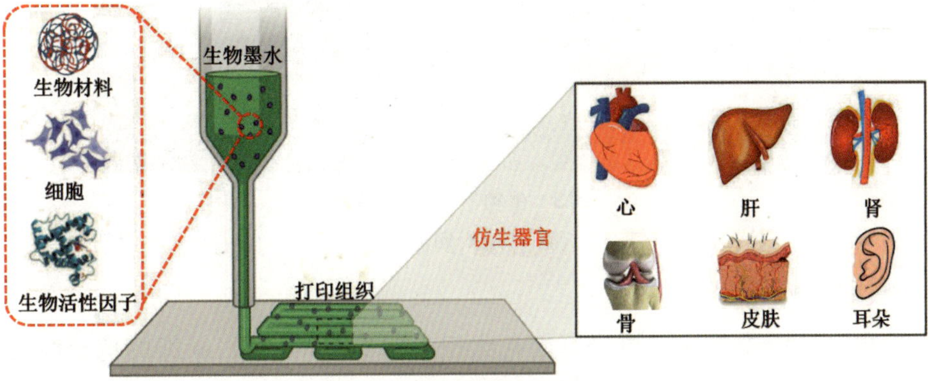

图2　生物3D打印技术示意图

生物3D打印技术应用的成功与否和“生物墨水”的特性息息相关，其设计的主要原则包括：① 可打印性，满足打印工艺的要求；② 生物相容性，适合细胞存活生长且与宿主产生积极的相互作用；③ 机械性能，在应用时能保持打印结构的完整性且与活体组织/器官的生物力学相适应；④ 生物可降解性，植入体内后应逐渐降解且降解速率与新组织的生成速率相匹配；⑤ 抗菌性，可以抑制细菌生长，防止细菌感染等。

生物3D打印技术的应用

到目前为止，研究人员在皮肤、骨骼、神经等生物3D打印方面取得了很大进展。该技术的优点是可以在相应的空间位置精准打印不同类型的细胞，并根据不同的组织/器官特性结合恰当的生物材料，制出接近活体的组织/器官。

1．皮肤修复

皮肤缺损最常用的修复治疗方法是自体皮肤移植，但这种“拆东墙补西墙”的方式存在自身供体不足和细菌感染的风险，严重限制了临床的治疗效果。生物

3D打印的优势是可以根据患者伤口定制自体皮肤或直接在伤口部位进行原位打印来治疗大面积深度损伤。其中,原位生物3D打印是将预培养的自体细胞直接打印到伤口部位,从而促进伤口部位的皮肤愈合。

央视军事频道于2024年报道了解放军总医院取得的重大研究成果,采用3D打印制备的人造皮肤已经用于战伤救治(图3)。该院利用生物3D打印技术在体外构建一个接近于正常皮肤、含有汗腺和毛囊等附属结构的人造组织,为创伤、烧伤等创面的快速愈合提供方案。利用生物3D打印技术构建人造皮肤的一大优势是简便快捷,且能够制出具有复杂的仿生结构与功能的皮肤。

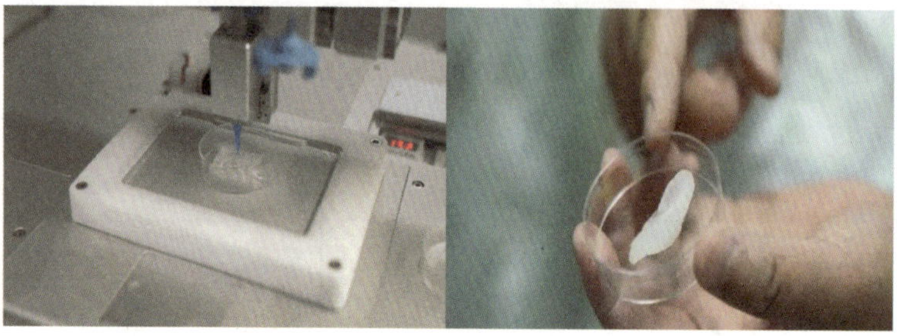

图3 生物3D打印皮肤

(图片来源:网易网)

2. 骨骼修复

美剧《良医》中曾出现过一幕婚礼大巴车祸事故的场景,新郎的部分股骨粉碎,截肢被认为是唯一的选择。此时,医生想到利用3D打印技术打印出仿生股骨代替原本粉碎的股骨,避免了新郎腿部被截肢(图4)。在中国,这项技术也在临床中得以实施。2015年,唐都医院为病人换上3D打印钛合金胸骨;2016年,清华大学附属北京清华长庚医院完成了世界首例3D打印钛合金骶骨植入手术;2017年,西安交通大学第一附属医院神经外科利用3D打印头部颅骨为患者进行了颅骨修补手术。生物3D打印技术非常完美地修复骨缺损,不仅可为医生节省大量手术时间,更为患者提供了更为安全且有效的治疗手段。

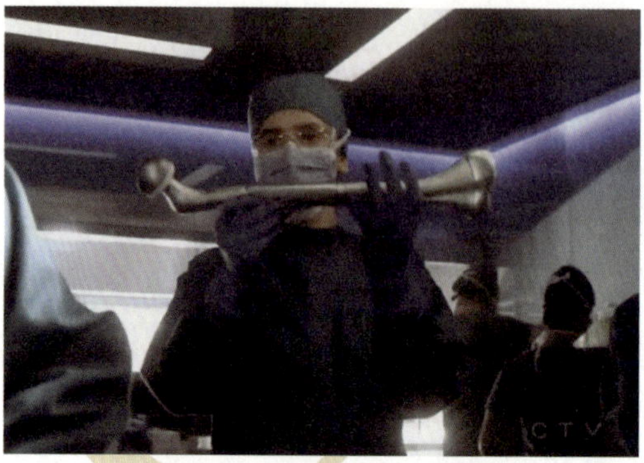

图4 3D打印钛合金股骨

(图片来源:美剧《良医》片段)

3．神经修复

每年全球有25万到50万人因为车祸、高处坠落以及重物砸伤等意外而造成脊髓损伤导致大小便失禁或截瘫。为了修复神经组织，生物3D打印技术被用于制造各种具有生理功能的神经组织。研究人员将神经干细胞嵌入“生物墨水”中并进行3D打印。结果表明，当3D打印构件植入体内后，创伤性脑损伤成年斑马鱼的运动功能得以恢复。这证明生物3D打印技术可成为未来神经组织修复的有效方法。

4．肌腱修复

肌腱断裂在运动员中时有发生，被称为“运动员杀手”。很多杰出的运动员都曾深受跟腱断裂的折磨，甚至为此被迫终止运动生涯。目前，肌腱断裂只能够通过手术的方式进行治疗，但这可能会导致其他一系列的问题。犹他大学的科学家从患者体内脂肪中提取干细胞并将其3D打印在一层水凝胶上，形成肌腱或韧带，然后在体外培养后植入体内，开发有利于促进肌腱组织模仿天然肌腱的分层结构能力，这让饱受肌腱断裂的患者看到新的希望。

5．其他器官修复

全世界每年有数百万人因疾病或衰老引起的器官或组织衰竭而需要器官移植，生物3D打印可以根据个体特异性重建受损或缺失的组织/器官，因此在健康医学领域具有巨大前景。例如，心脏瓣膜疾病目前的唯一治疗方法就是用人造心脏瓣膜进行替代。然而，这种治疗方案往往需要进行多次手术调整和终身抗凝血治疗。慕尼黑工业大学的研究人员及其合作者利用3D打印技术开发出一种人工心脏瓣膜，由患者自身的细胞制成，可随着人体年龄的增长而生长，有望实现“一次植入，终身不换”。2022年，再生医学制造公司3DBio Therapeutics宣布世界首例3D打印耳朵移植成功。一名出生时右耳发育不良的20岁女性移植了由她自身细胞通过生物3D打印构建出的耳朵（图5），医生表示，新耳朵的形状与这名女子的左耳形状完全吻合。这一成功也标志着组织工程与再生医学向前迈进了重要一步。

2025年初，在由中国科学院与中国工程院共同主办的“两院院士评选2024年中国/世界十大科技进展新闻”活动中，评选出的“2024年世界十大科技进展新闻”中的一条是“科学家首次3D打印出功能性人类脑组织”。美国威斯康星大学麦迪逊分校的科学家利用生物3D打印技术成功培育出具有正常生长和功能的人类脑组织，科学家认为，这一突破对研究大脑，治疗阿尔茨海默病、帕金森病等多种神经和神经发育疾病具有重要意义。

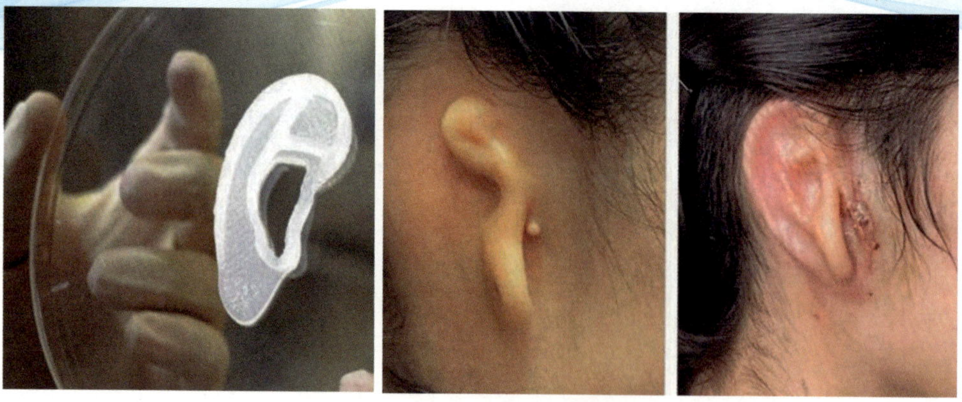

图5 3D打印耳朵(源自网络报道)

生物3D打印技术的展望

哆啦A梦的房子只需拍个照、浇热水并等待3秒钟即可成型，而生物3D打印从模型设计到“生物墨水”打印成型，再到植入体内发挥疗效，均是漫长的过程。同时，目前的生物3D打印技术还难以精准地实现复杂血管与神经网络的构建及融合，从而会导致打印后组织器官难以长期存活以及发挥复杂的生物学功能。此外，负载细胞/生物活性因子的“生物墨水”如何灭菌、保存和运输，也是不得不考虑的重要问题。因此，生物3D打印技术距离实际临床应用还有很漫长的道路要走。但这并不妨碍我们对这项技术为生物医学乃至人类历史开辟万般可能性的畅想。让我们“脑洞大开”一下，借助这项“黑科技”人类在将来的某一天打印出具有完整功能的组织/器官，使我们可以通过更换不完美的身体部件以摆脱病痛的困扰，永葆青春靓丽；抑或者使人类通过自身功能增强，获得如科幻电影中呈现的那种英雄们的“超能力”，那将是何等美好的未来。让我们一起期待这一天早日到来！

共价有机框架
——分子砌块拼接的“乐高模型”

任晓蕊　王　栋*

从原子操纵到分子乐高

分子是物质中能够独立存在的相对稳定并保持该物质物理化学特性的最小单元。分子由原子构成，原子通过一定的作用力，以一定的次序和排列方式结合成分子。原子是化学元素的基本粒子，也是化学变化中的最小微粒。它们的质量和体积都非常小，彼此间有间隔，在不停地运动。漫威宇宙中存在着各种各样的超能力，比如绯红女巫旺达能够使用混沌魔法随意改写现实，凭空创造生命。这种魔法的本质是对原子和分子的精准操纵和重组。虽然很难在现实世界里获得如此强大的超能力，但科学界很早就开始了在微观尺度操控物质的思索。

1959年底，著名物理学家理查德·费曼(Richard Feynman)就在美国物理学会年会上提出了“如果能够按照人的意志一个个地排列原子，世界将会发生什么？”的疑问。由于科学技术的制约，原子操纵直到20世纪80年代才得以实现。1989年，IBM的科研人员使用扫描隧道显微镜的针尖对单个原子进行“取走”并“放置”的操作，用35个氙原子在镍表面写出了“IBM”的字样。我国也于1993年操纵硅原子，写出了“中国”两个字。除此之外，光镊和电子束等工具也可以用来捕获和控制原子，制造原子级存储器和计算器。通过以上技术仅能对少量的原子和分子(几个到几百个)进行操纵，那么有没有更加经济高效的方法呢？

如果我们能够借助原子和分子自身的生长排列特性，诱导其按照设想进行“自我组装”，就能够在短时间内得到大量的目标结构了。在探索控制分子定向组

* 任晓蕊，中国科学院化学研究所博士。
王栋，中国科学院化学研究所研究员。

装的过程中，网格化学(reticular chemistry)得到了迅速发展，也由此诞生了两类新型多孔晶态材料：金属有机框架(metal organic frameworks，MOFs)和共价有机框架(covalent organic frameworks，COFs)。网格化学的主要研究内容是通过强化学键(配位键或共价键)将离散的结构单元(金属离子、金属团簇或有机分子)连接，可控地构筑具有周期性的网格结构。这个过程与乐高积木的拼接有很多相似之处，我们可以称之为分子乐高(图1)。

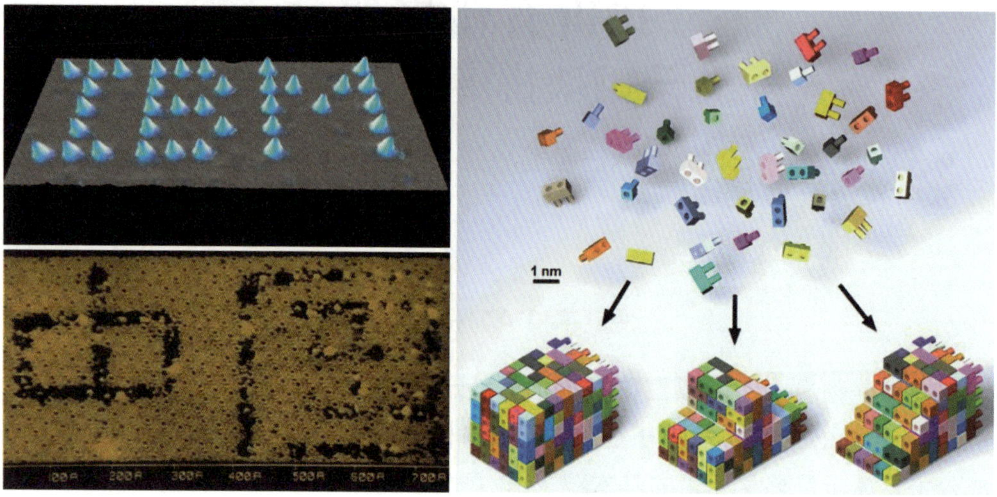

图1　原子操纵与分子乐高

共价有机框架(COFs)材料的“过人之处”

COFs是一类由有机结构单元通过共价键连接而成的晶态聚合物材料，具有周期性的网状骨架和丰富的孔道结构。2005年，Omar M. Yaghi教授在《科学》期刊上首次报道了COFs材料的合成，他同时也是网格化学的主要开拓者。根据共价连接的维度，COFs可分为一维、二维和三维COFs，典型结构如图2所示。一维COFs类似于线形高分子，网格仅沿一个方向延伸。二维COFs具有与石墨相像的层状结构，层内是由共价键连接的二维网格，层与层之间通过π-π堆积、范德瓦尔斯力等非共价相互作用结合在一起。石墨的各层可以滑动，二维COFs单层也具有多样的堆积方式，比如面对面堆积、倾斜堆积等。当然，我们也可以合成单层COFs薄膜和少层COFs薄膜。当有机结构单元在三维方向上成键延伸时，就形成了类似于金刚石结构的三维COFs。

COFs材料具有一些独特的性质，为解决能源、环境与生命健康领域的难题带来了全新的解决方案。

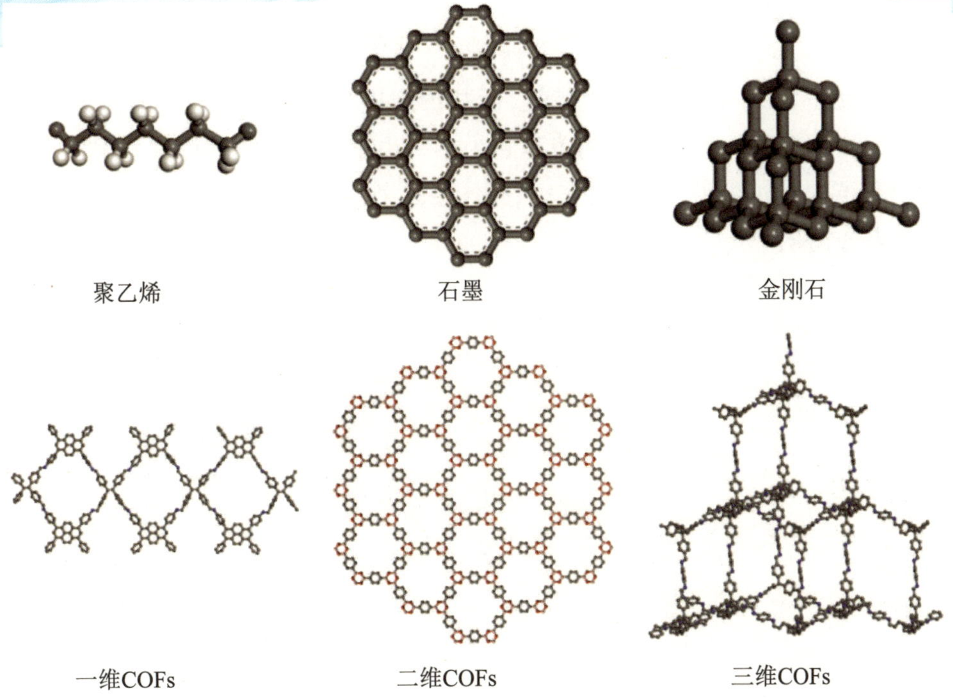

图2　一维、二维、三维COFs与聚乙烯、石墨、金刚石的结构类比

(1) 周期结构精确可控。COFs是一类共价有机晶体，具有分子级精确的周期性晶体结构，可以通过X射线衍射、三维电子衍射等方法解析。分子砌块的尺寸、构型和连接位点是决定其拓扑结构的关键因素。因此，COFs的合成具有高度的可预测性与可控性。

(2) 孔道结构规整可调。COFs材料含有大量形状规则、孔径可调的孔道。作为一种多孔材料，COFs具有较大的比表面积，二维COFs目前报道最高的比表面积已经超过3000 m^2/g，而三维COFs已经超过5000 m^2/g。若是把1 g这样的材料平铺在一个平面上，将会覆盖整个足球场。

(3) 密度低。绝大多数COFs由轻质元素构成(C、H、O、N和B等)，具有低密度的特性。TUS-64(基于三蝶烯单元合成的孔径为4.7 nm的三维COFs)的密度仅为0.106 g/cm^3，几乎低于所有的固态晶体。

(4) 稳定性好。COFs材料由共价键连接，相较于由配位键、氢键、范德瓦尔斯力等相互作用主导的体系(例如MOFs和超分子体系)具有更高的化学稳定性和热稳定性。

(5)可设计性。有机小分子来源广泛而且易于合成，便于通过合理设计对称性、连接数和官能团等，来调控目标材料的化学组成、拓扑结构与理化性质，以适应不同应用场合的需求。

日益壮大的COFs家族

结晶性是COFs材料的一大特性，而共价连接基元的类型对于结晶性具有至关重要的影响。共价连接可以简单理解为相邻原子共用电子对以形成最外层8电子的稳定结构。如果用“小黑点”表示最外层电子，由原子形成分子再形成框架材料的过程如图3所示。

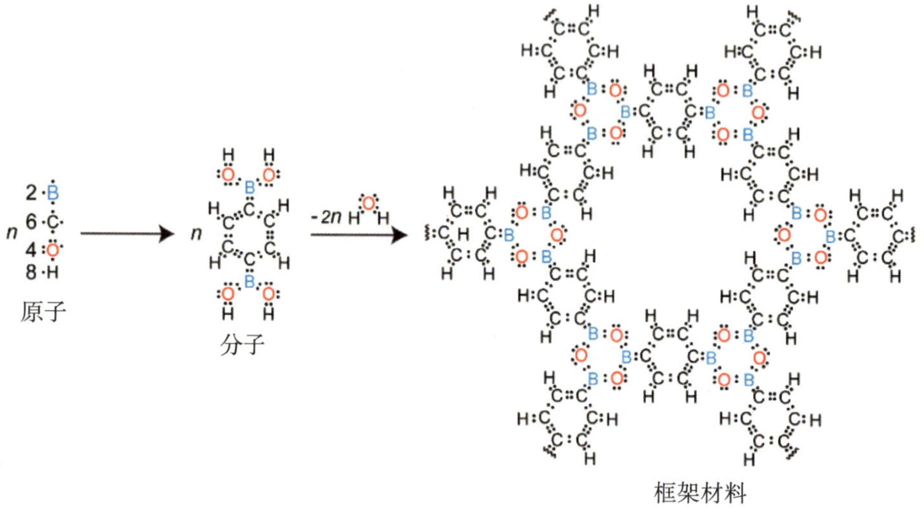

图3　原子共价连接形成分子，分子共价连接形成框架材料的过程

通常具有可逆性的共价键被用来构筑COFs材料，这是因为这类共价键可以参与动态共价化学反应，有利于晶体材料的形成。动态共价化学过程包含共价键的生成、断裂和交换，使得体系不断向热力学平衡状态（即能量最低状态）靠近。如果生成的结构存在很多缺陷，缺陷处的共价键会断裂，进行“自我修复”，最终形成有序的周期结构。可以说，动态共价化学就像一只“看不见的手”，指挥引导小分子们各就各位，并且排列整齐。

近20年间，不同种类共价连接基元的COFs材料相继被开发出来（图4），COFs家族日益壮大。在研究早期，COFs的合成集中于硼酸类和硼酸酯类COFs。2009年报道了第一例亚胺类COFs，由芳香胺与芳香醛脱水缩合生成。亚胺类COFs是目前研究最为广泛的一类。在亚胺键基础上，研究人员还发展了一些类似的共价连接基元，例如腙键、吩嗪、β-酮烯胺等。有趣的是，COFs材料还可作为反应底物继续参与化学反应，将亚胺键化学转化为酰胺、恶唑、噻唑、喹啉等共价连接基元。此外，发展基于碳碳双键的共价连接基元也是目前的一个研究热点。

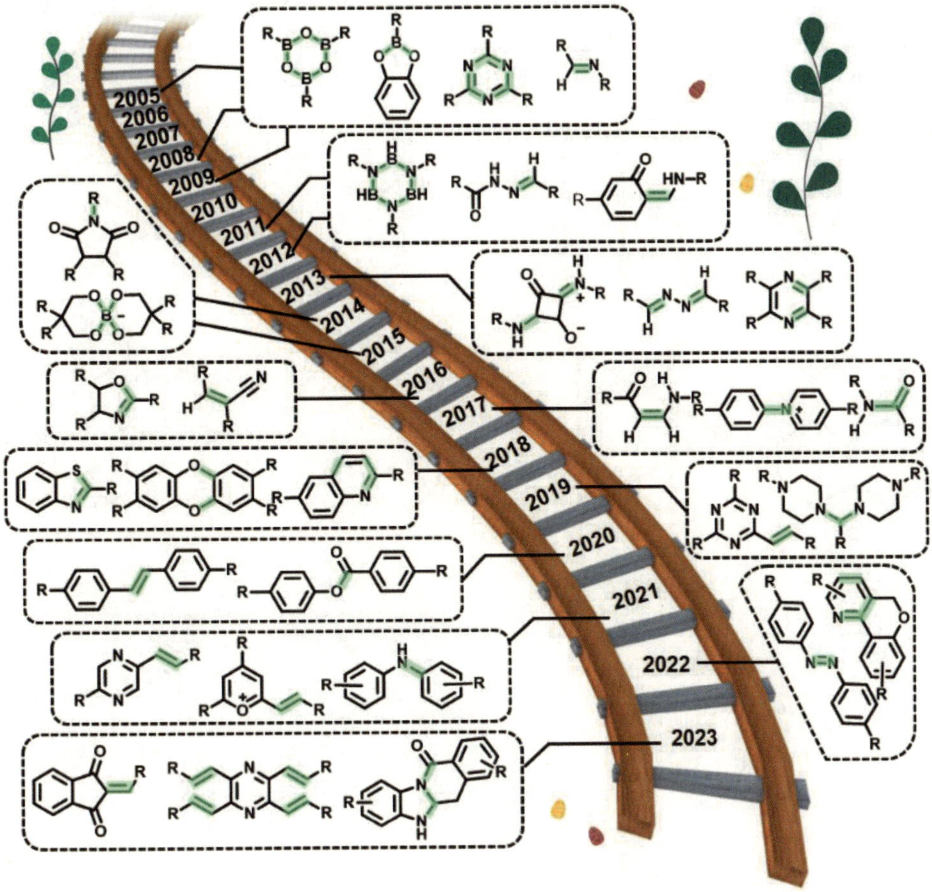

图4　COFs材料共价连接基元的发展历程

做COFs的设计师

COFs的合成具有高度的可控性与可设计性，我们可以为不同的应用场景“量身定制”COFs材料。

1. 拓扑结构的设计

拓扑结构对于材料的电子输运性质、主客体相互作用等具有重要影响，从头合成COFs时首先要进行拓扑结构的设计。二维COFs的拓扑结构相对比较简单，就好像玩拼图游戏一样。我们用一种规则的几何图形（三角形、四边形或六边形）在一个平面密排，就得到了最基本的拓扑结构。当使用多种图形组合密排时，能够得到更为复杂且具有艺术性的镶嵌结构。经过合理筛选分子砌块的尺寸、对称性与连接数，科研人员已经实现了多种拓扑结构的构筑，图5展示了一些典型结构。三维COFs的拓扑结构可以根据经典的晶体库进行分析，Omar M. Yaghi和

Michael O′ Keeffe 等人也将网格化学可能涉及的拓扑结构汇总在RCSR数据库(http://rcsr.net/),便于查找和预测。

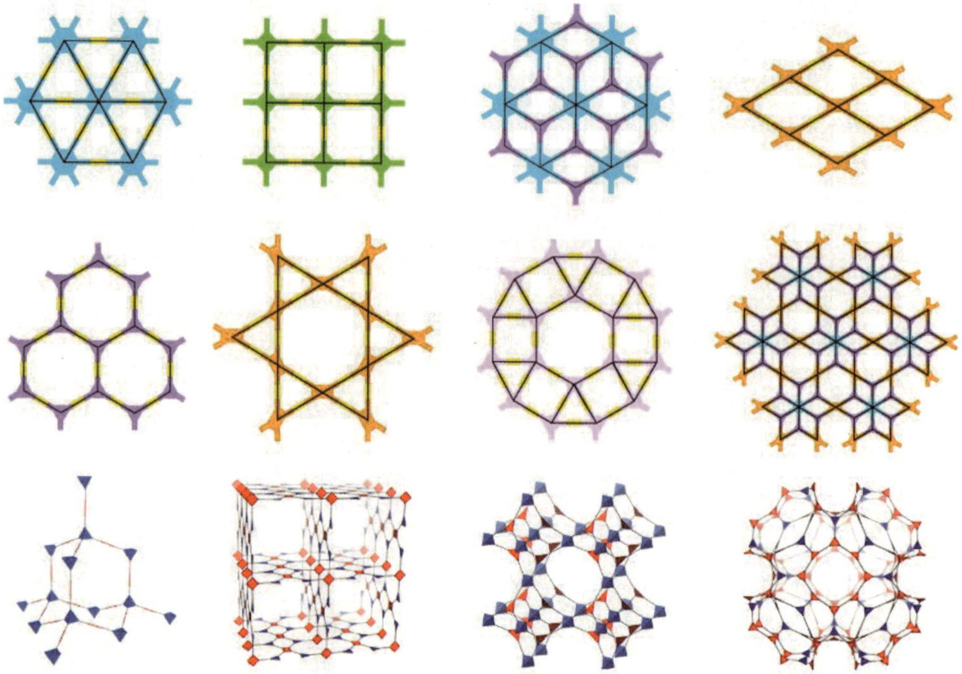

图5　二维和三维COFs材料的一些典型拓扑结构

2. COFs材料的功能化

除了拓扑结构,COFs合成还需考虑其化学构成,尤其是功能性基团的设计。目前主要通过三条途径将功能性基团引入COFs材料。

(1) 利用含有特定官能团的分子砌块构筑COFs。随着应用范围的不断扩展,目前已合成大量含有不同类型官能团的COFs单体。芳烃类单体含有萘、蒽、芘、三亚苯、六芳基苯、三蝶烯等基团;大环类单体包含卟啉和酞菁等基团;含N类单体含有三苯胺、偶氮、吡啶、三嗪环、咔唑、苯丙咪唑等基团;含S类单体含有噻吩、苯并噻吩、四硫富瓦烯等基团。

(2) 通过"后修饰"方法将官能团"接枝"在COFs骨架上。已经合成的COFs可以看作一个巨型分子,能够继续发生化学反应,接入各种侧链基团或者金属离子,例如烷氧链、硫醚、自由基和一些手性基团等。

(3) 将功能性基团填充进COFs孔道中。COFs材料具有丰富的孔道结构,目前已经实现孔径在0.59~10 nm的范围内调控。不同孔径的孔道可以选择性容纳客体分子(电解质、富勒烯、酶、纳米药物等),形成性能优异的复合材料。

COFs材料的功能化示意图如图6所示。

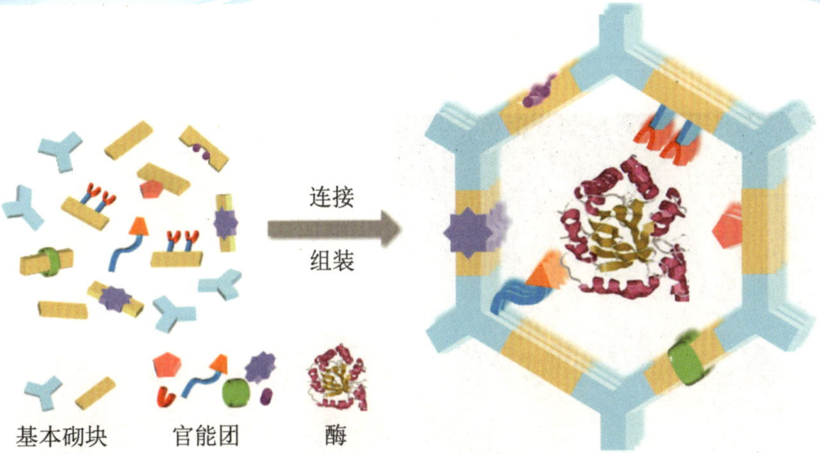

图6 COFs材料的功能化示意图

COFs的“用武之地”

1．气体吸附与分离

随着汽车保有量的增加，尾气排放造成的环境污染问题和石油资源逐渐匮乏问题已不容忽视，使用甲烷、甲醇、乙醇、氢气等清洁燃料成为一大发展趋势。将气体燃料填充在COFs材料中制成COFs气箱，能够在有限的空间中容纳更多的燃料，延长汽车续航时间。COFs还可纯化燃料，有利于延长发动机寿命，减轻环境污染。N_2、H_2、NH_3、CO_2、乙炔、乙烯、丙烯及丙炔等是重要的工业气体，传统的分离工艺依赖于溶剂萃取和精馏分离，成本高且能耗大。功能化COFs可以通过物理吸附和化学吸附等方式选择性地富集气体，为气体纯化提供了一种高效环保的方法，未来有望应用于工业生产中。同时，工厂废气中含有大量CO_2，将其直接排放将加剧温室效应，对生态系统和人类健康造成严重破坏。COFs可在脱碳过程中大显身手，助力早日实现“碳中和”。

2．集水与水处理

(1) 集水。随着人口增长和气温上升，水资源短缺危机日益严重，全球约40％的人口面临水资源不足的问题。COFs就像一块海绵，不仅可以容纳气体分子，还可从空气中“吸取”水分。目前性能最好的COFs材料能够在10％～40％的相对湿度下达到0.32 $g_{水}/g_{COF}$的吸水量。制成集水装置后，1千克COFs在6小时内可收集161毫升水，而且水质符合世界卫生组织规定的饮用水标准。集水装置的原理如图7所示，夜晚COFs吸附水蒸气，白天在太阳光的照射下水蒸气脱附，在收集箱中冷凝为液滴。未来可能实现在干旱地区集水，假如探险家不幸在沙漠中迷失方向，可以依靠这种设备等待救援。值得一提的是，用于集水的多孔材料在2019年被国际纯粹与应用化学联盟(IUPAC)评为化学领域的十大新兴技术。

图7　COFs材料制成的集水装置

(2) 海水淡化。海水淡化是解决水资源危机的一个有效方案，主流技术包括蒸馏法和反渗透法。蒸馏法能耗较高，主要用于特大型海水淡化处理和热能丰富的地方。反渗透膜法能耗低且脱盐率高，有望大范围使用。反渗透法的关键是利用高压泵增压，使纯水由海水一侧通过反渗透膜进入淡水一侧。COFs的孔径大小、亲疏水性质以及表面电荷性质易于调控，相较于传统膜材料具有更好的渗透性、选择性以及抗污染性，在海水淡化领域展现出广阔的应用前景。

(3) 污水处理。水污染主要分为化学性污染、物理性污染和生物性污染三大类，处理方法多样，如沉降、吸附、混凝、膜分离、微生物代谢等，需根据实际情况灵活选用。对于一些难处理的废水，COFs材料就可以派上用场了。印染废水中含有大量染料分子，可利用COFs孔道的尺寸效应将染料分子截留。重金属污水含有镉、镍、汞、锌、铅等离子，降解难、毒性高。合理设计官能团和表面电荷性质后，可利用COFs将这些重金属离子高效去除。也有研究表明COFs对铀酰离子、碘等具有较好的回收性能，在核素分离领域也具有潜在应用价值。

3. 催化

COFs材料还可用作固体催化剂。COFs就如同一座小小的加工厂，其高的比表面积能够提供大量的催化活性位点，丰富的孔道结构能够富集原材料，并高速输送至反应位点进行加工，反应完成后还可回收利用。目前COFs在有机催化、光/电催化水分解、光/电催化CO_2转化等过程中表现出了高效的催化性能(图8)。

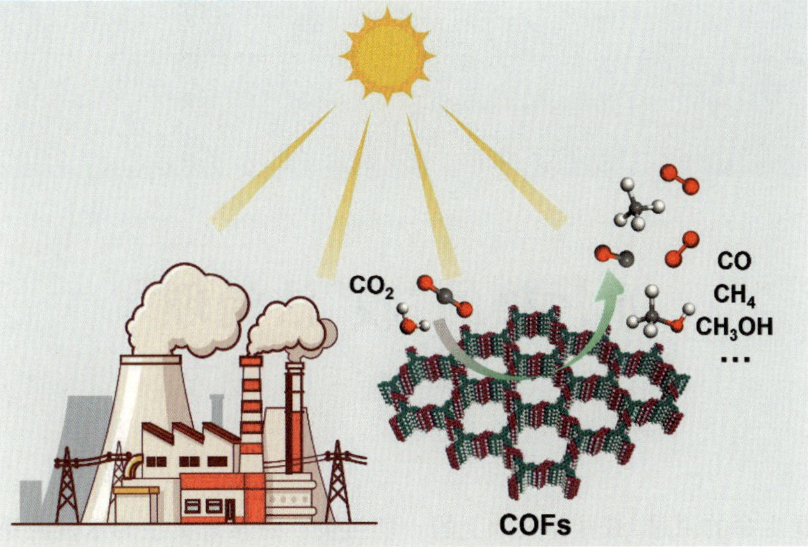

图8　COFs作为催化剂参与光催化CO_2转化过程

4. 电化学储能

研究人员对COFs材料在金属离子电池、超级电容器和固态电解质等方面的应用也进行了一些探索。COFs中N、O等元素形成的孤对电子和一些不饱和共价键提供了丰富的储锂位点，而刚性的纳米通道加速了离子的迁移和传导。COFs材料也是一种理想的超级电容器活性材料，除有序多孔结构提供的双电层电容之外，具有氧化还原活性的官能团还可提供赝电容，进一步增大容量。

5. 肿瘤治疗

传统的肿瘤治疗手段包括化疗和放疗，容易造成全身毒性或者器官组织严重损伤，因此急需发展靶向给药的药物递送系统。新兴的治疗方法，如光动力治疗、光热治疗、声动力治疗等，也严重依赖于靶向给药。COFs表面易于修饰改性，正好可以扮演"输运货车"的角色。到达肿瘤周围后，COFs可以根据周围环境变形或分解，释放治疗剂。此外，某些COFs还可以同时作为治疗剂使用。

展　望

虽然关于COFs材料的研究已经取得了极大的进展，但仍有很多问题尚未解决。目前合成的绝大多数COFs还没有达到单晶的质量，经典的合成方法也不适合大规模量产，还有很多奇特的性质有待进一步挖掘。相信在科研人员持之以恒的探索下，COFs材料将会逐渐走入日常生活中。

水污染的“膜”法治理

刘　爽*

水是生命的源泉，滋养着大地上的一切生灵。通常意义上的水资源是可供人类直接利用且能不断更新的天然淡水。如图1所示，地球上的淡水资源事实上非常有限，仅占水资源总量的3%。其中大部分更是被困在冰川、地下水和深层地下水中，只有约1%的淡水可供人类直接使用。目前，全世界有1/6的人口、10亿多人缺水。专家估计，到2025年世界缺水人口数量将超过25亿。由于人口众多，中国的人均可用淡水资源仅为世界平均水平的1/4，属于水资源相对贫乏的国家。我国部分地区目前正面临着水资源短缺、地下水超采和河流干涸等问题。

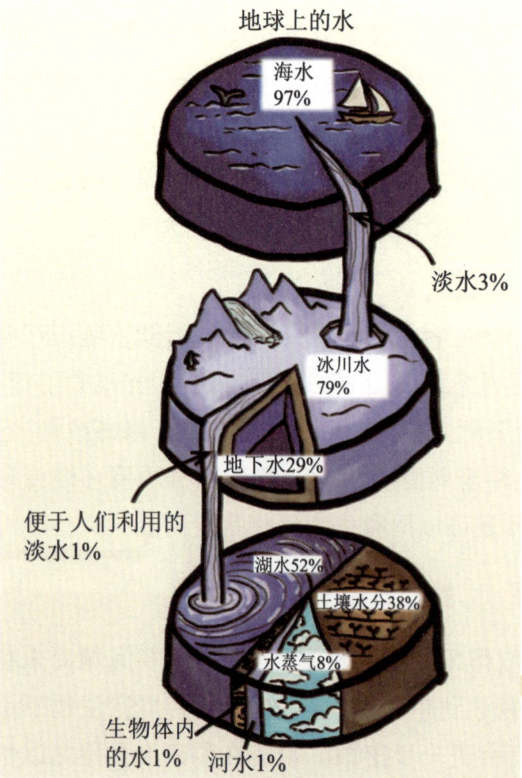

图1　地球上的水资源分布情况

近年来，随着全球工业化进程加速，宝贵的水资源正面临着前所未有的新威胁——水污染。每天都有大量的工业、农业和生活废水被排入江河湖海，这些废水往往包含多种有害物质（包括重金属、有机污染物、农药残留等），导致了严重的水体污染。当水体受到污染时，其中的有害物质会进一步渗透到土壤中，污染土地。例如，当农田或果园的灌溉水源受到

* 刘爽，中国海洋大学材料科学与工程学院教授。

污染时，这些有害物质会随着水分渗入作物内部(图2)。这样一来，水体中的有害物质几经辗转，最终都会出现在人们的餐桌上，给人们的生命健康带来巨大威胁。因此，合理地保护和利用水资源，实施可持续的水资源管理至关重要。高效、环保的水污染治理技术的开发刻不容缓，“膜”法治理正是其中最具代表性的一类技术。

图2　人类活动导致水污染示意图

什么是水污染的“膜”法治理？

膜技术也叫膜分离技术，是一种通过仿生物学人造膜材料实现对不同物质进行分离的新型过滤技术。如图3所示，这些膜材料就像一道道筛子，遭遇污水时只让其中的较小的水分子穿过，其他较大的污染物则被拦截在外。这样，就可以实现水和污染物的分离，这一净化过程也被称为水污染的“膜”法治理。

具体而言，根据膜的过滤孔径大小，可将其细分为微滤膜、超滤膜、纳滤膜和反渗透膜等类型。在“膜”法治理时一般会将不同孔径的膜如图4所示，从“大孔”到“小孔”放置联用。在通入污水时，较大的颗粒物和悬浮物会被微滤膜过滤掉。接下来，超滤膜可以过滤掉较小的颗粒物、细菌和病毒等，纳滤膜则可进一步去除溶解态的有害物质。最后，如果需要得到非常纯净的水，可以采用反渗透膜辅以压力渗透，将几乎所有的金属离子留在膜的另一侧。这里为什么不直接用孔径最小的膜呢？一方面，使用最小孔径的膜时可能会有很大的阻力，从而水通过过滤装置会更慢，很难有效处理大量污水；另一方面，如果直接使用最小孔径的膜，可能会过滤掉一些需要保留的有用物质或溶解性盐，同时无法有效去除较大的污染物。因此，在实际应用中，需要根据实际情况选择合适的膜孔径，以实现对污染物的有效过滤和分离。

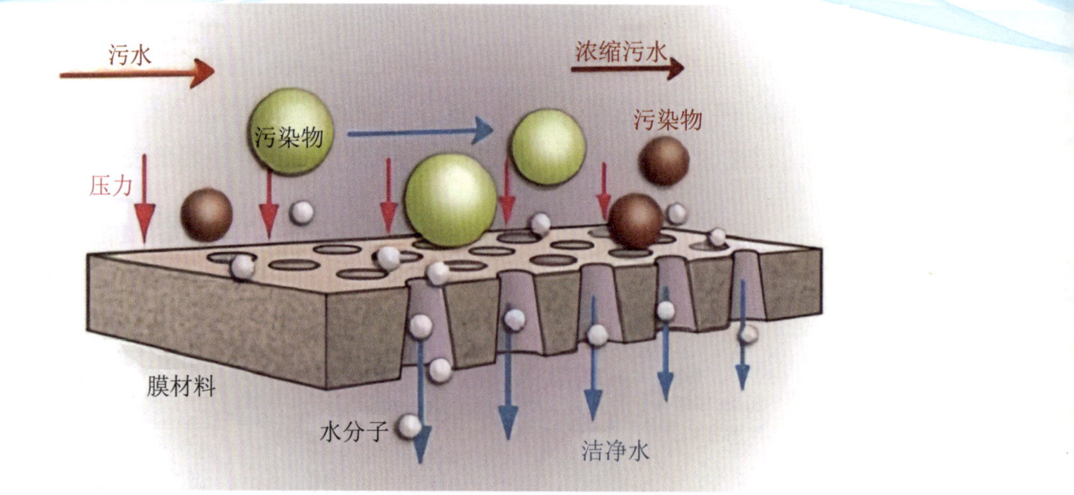

图3　膜分离技术示意图

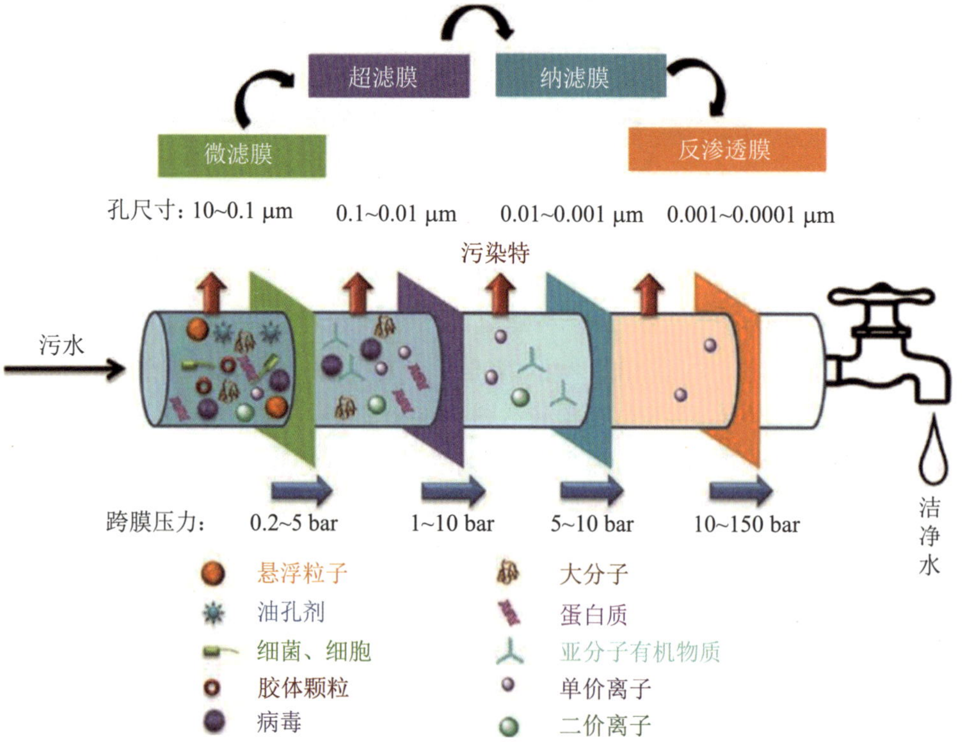

图4　不同孔径的膜材料对于不同类型水体污染物的滤除效果

“膜”法治理是怎么实施的?

污水处理厂是净化工业、农业和生活废水的“主阵地”。污水由管道进入污水处理厂后，首先进行所谓的“一级处理”(也称为污水“预处理”)，主要利用物理方法去除污水中呈悬浮状态的固体污染物质。经过一级处理的污水，悬浮固体去除率一般为40%~60%,大量的有害污染物还未被去除,远不能满足水净化需要;随后进行的“二级处理”主要去除污水中呈胶体和溶解状态的有机污染物质,“膜”法治理就在这一步中发挥作用,通常可将污水中的有害物质去除90%以上;可选配的“三级处理”主要处理难降解的有机物以及氮和磷等能够导致水体富营养化的可溶性无机物等,可消除污水中几乎全部的颗粒物杂质及有害化合物等污染物。上述三级处理工艺汇总如图5所示。

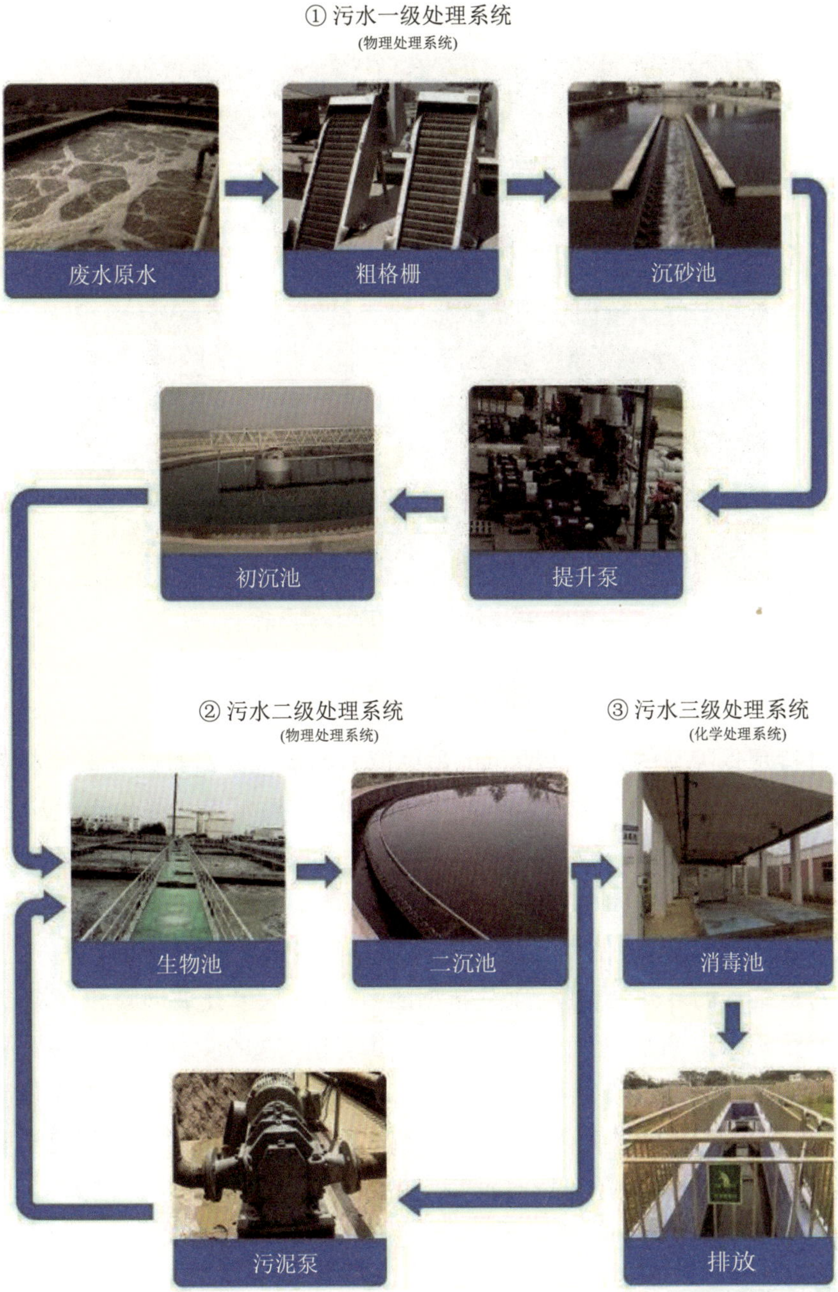

图5 国内常见的三级污水净化处理工艺和对应设施

由于完备的三级处理厂投资巨大，且能耗和运行费用也较高，现阶段普遍建造三级处理厂并不现实。因此，目前我国城市污水处理厂以二级处理为主(占比超过80%)，这也就意味着膜材料在我国的废水处理中已得到十分普遍的应用。如图6所示，多级联用的膜过滤系统通常采用卷筒形式连接在一起，而不是将每张膜单独平铺在水中。这种组合成卷筒的设计使得系统更加紧凑，提高了过滤效率并且便于维护和清洗。同时，卷筒连接还能够减少膜元件之间的连接点，降低了泄漏和损坏的风险，提高了系统的稳定性和可靠性。

图6　污水处理厂中的膜过滤系统

“膜”法治理的未来

膜材料是保障膜的分离性能和抗污染能力的基础。最早的分离膜材料是纤维素及其衍生物，其具有成本低廉、制造工艺简单、透水量大等优点。从20世纪80年代初开始，相关领域开始使用耐热、耐腐蚀、机械强度高的特种工程高分子作为新型膜材料，它们很好地克服了纤维素膜易侵蚀、不耐酸碱液清洗、不耐高温以及机械强度较差等缺点，使得膜的品种和应用范围大大拓展。近年来，又出现了具有不对称结构的多孔金属膜，以及新型的多孔陶瓷、多孔玻璃膜和有机-无机复合膜。如图7所示，有机-无机复合膜一般是由有机矿物颗粒掺入有机多孔聚合物的网状结构中所形成的膜，不仅具有有机膜柔韧性强的特性，还具有无机膜耐蚀性能好、机械强度高等优点，其表面孔隙率及通量都较传统的分离膜有显著的提高。此外，复合膜的设计还可以根据特定的应用需求进行调整。例如，可以调整膜的孔径大小来适应不同粒径的污染物，通过添加表面改性剂或纳米材料来提高抗污染性能等。

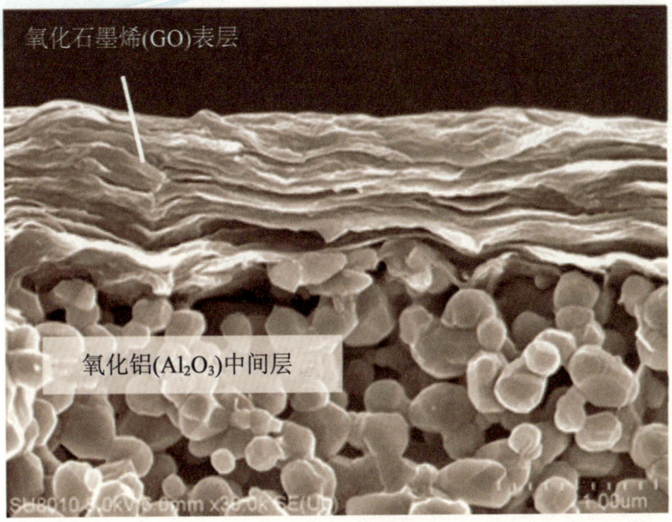

图7　用于污水中苯酚去除的氧化石墨烯/氧化铝复合膜剖面微观结构

除了对膜材料的创新，膜过程的优化也是提高污水治理效率和改善水质的关键。通过优化膜组件的布置和运行方式，可以减少膜污染和降低能耗。例如，采用交替操作的膜组件布置方式，可以减少膜污染的发生、延长膜的使用寿命。此外，优化膜工艺参数（如膜通量、压力和回收率等），可以提高膜系统的处理效率和经济性。最后，“膜”法治理的应用领域正在不断拓展，除了传统的污水处理，该技术还被推广应用于海水淡化、医药和食品工业等领域。这些应用不仅提高了水资源的利用效率，还减小了对环境的压力，推动了可持续发展目标的实现。

综上所述，膜技术在水处理领域的前沿创新和发展为解决水资源和环境问题展现出了巨大的潜力。我们对膜技术的发展充满期待，相信这些“膜”法将为我们解决水资源和环境问题不断提供优秀的解决方案。

参考文献

[1] Asif M B, Zhang Z. Ceramic Membrane Technology for Water and Wastewater treatment: A Critical Review of Performance, Full-scale Applications, Membrane Fouling and Prospects[J]. Chemical Engineering Journal, 2021, 418: 129481.

[2] Chen Z, Du X, Liu Y, et al. A High-efficiency Ultrafiltration Nanofibrous Membrane with Remarkable Antifouling and Antibacterial Ability[J]. Journal of Materials Chemistry A, 2018, 6(31): 15191-15199.

[3] Li T, Ren Y, Wu D, et al. A Novel Water-stable Two-dimensional Zeolitic Imidazolate Frameworks thin-film Composite Membrane for Enhancements in Water Permeability and Nanofiltration Performance[J]. Chemosphere, 2020, 261: 127717.

刚柔相济的机器人材料

王 旭*

机器人已成为我们生活中不可或缺的朋友

如今，人们对机器人已经不再陌生，越来越多的机器人让我们的生活变得更加便捷、高效，甚至充满了无限的可能。

想象一下，走进一家医院，不再是忙碌的护士和医生，而是一群机器人在为患者提供服务，它们准确无误地进行手术，不知疲倦地照顾病人；再或者，在农田里，不再是面朝黄土背朝天的农民，而是智能机器人在精准施肥、播种和收割；在家里，一台机器人正在厨房里忙碌地为你准备早餐；工作间隙，一台智能机器人助手正在为你整理文件、分发物资；而在深海或太空，勇敢的机器人探险家正在为我们揭开未知世界的神秘面纱……这些看似科幻的场景，如今已经逐渐变为现实。

那么，是什么让机器人能够"看到"世界、感知所处的环境？是什么让机器人能够如此灵活自如地行动？是什么让机器人能够不辞辛苦地持续工作？除了机器人"感知、控制、决策"这些相关技术，"材料"在其中占有不可替代的重要作用。没有轻质而坚固的结构材料，机器人可能还会像早期的机械臂一样笨重而不灵活；没有高性能的电池材料，机器人可能还需要频繁地充电，无法长时间工作；没有精密的传感器材料，机器人可能就像一个盲人和聋子，无法感知外部环境，更别提做出智能的决策了。机器人的种类繁多，功能各异，本文仅以扫地机器人制作中采用的材料为例，让我们一窥机器人材料的独特之处。

扫地机器人的组成

简单说，扫地机器人就是一个自动移动的吸尘器。机器人配有真空吸尘装置、集尘盒，根据设置好的行走路线，在室内反复行走，以刷扫和真空吸尘方式模

* 王旭，北京科技大学创新创业学院高级工程师。

拟人工清洁的效果。扫地机器人通常由5个部分组成:清扫系统、移动机构、控制系统、感知系统、电源系统,如图1所示。

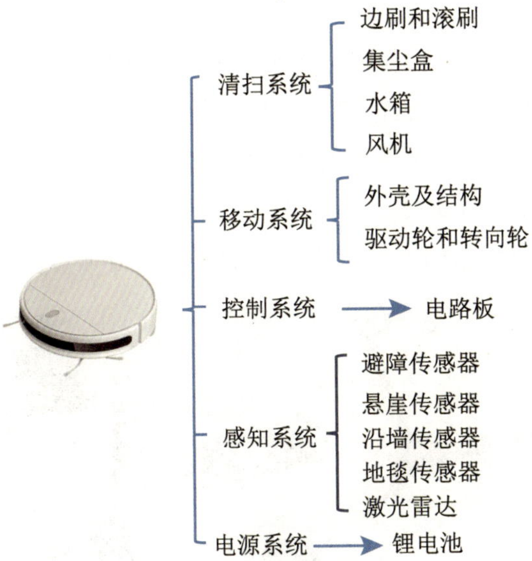

图1　扫地机器人的组成

1.清扫系统

清扫系统包括扫地、吸尘、擦地等过程,一般由边刷旋转将灰尘扫至吸风口处,滚刷转动结合吸尘作用将灰尘吸入集尘盒;有些扫地机器人还配有拖布、紫外线灯等工具,从而增强清洁效果。

2.移动机构

扫地机器人一般采用轮式机构进行移动,采用2个驱动轮、1个转向轮的设计。

3.控制系统

控系统由电路板、芯片等组件,用于控制机器人的运动、传感器数据采集和处理、清扫系统的操作等。

4.感知系统

感知系统一般用到红外线传感器、超声波传感器等,用于检测障碍物、墙壁和地面的高度差等信息,以实现导航、避障、防碰撞、防跌落等功能。

5.电源系统

扫地机器人一般采用锂电池供电,并具有电量监测功能,当机器人处于低电量时会自动返回基站进行充电。

多种先进材料造就了理想的扫地机器人

1．清扫系统材料

(1) 边刷和滚刷。如图2所示，扫地机器人的边刷和滚刷需要连续旋转聚拢垃圾，因此需要有良好的耐磨性、硬度和强韧性，一般使用尼龙材料制成。尼龙毛刷具有较好的回弹性，能够轻松应对不同地面的起伏和纹理，紧贴地面进行清洁；同时具有优良的耐磨性、耐疲劳性和柔韧性，并且耐温性高，高速运转时不易掉毛、不变形，能够有效延长扫地机边刷和滚刷的使用寿命。

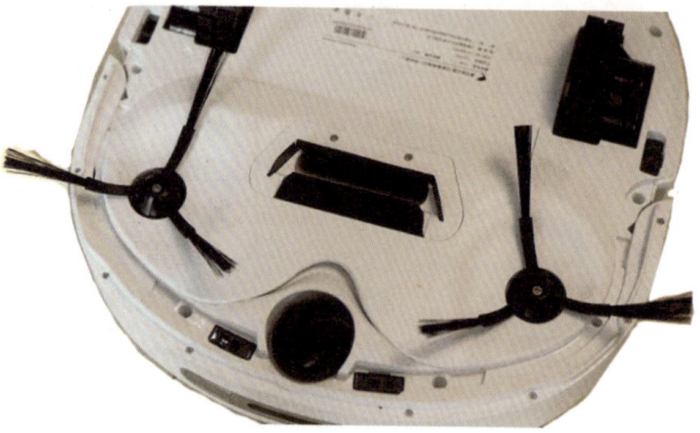

图2　扫地机器人边刷

(2) 集尘盒。地上的灰尘被吸走后进入集尘盒(图3)。集尘盒一般使用抗静电丙烯腈-丁二烯-苯乙烯(acrylonitrile-butadiene-styrene，ABS)塑料制成，以确保集尘盒具有较轻的质量、良好的加工性能、耐腐蚀性、抗静电性以及密封性和足够的容量，抗静电ABS材料可以防止静电导致灰尘附着在集尘盒内部的情况。

图3　扫地机器人集尘盒

(3) 水箱。扫地机器人水箱一般使用聚丙烯(polypropylene，PP)材料和聚氯乙烯(polyvinyl chloride，PVC)制成，如图4所示。除了加工和成本因素，PP与

PVC材料具有以下特性：一定的耐化学性，能够耐受各种清洁剂、消毒剂等化学物质，确保水箱在使用过程中不会受到腐蚀；良好的耐热性，可以在高温环境下进行消毒灭菌，确保水箱的清洁和卫生。另外，用透明的PVC材料做成箱体，可以看到水箱内的水量和清洁剂的余量。

图4 扫地机器人水箱

(4) 风机。扫地机器人风机的主要作用是产生负压气流（一般可达到几千帕），通过吸尘口吸入灰尘并将其吹入集尘盒中。吸力的大小是风机的重要参数，较大的吸力可带来较好的清洁能力，但也可能产生更大的噪声和功耗。因此，风机叶轮一般选用塑料、铝合金等材料，以确保风机的高效、稳定和低噪声运行。

2. 移动机构中的材料

(1)外壳及结构。和很多家用小电器一样，扫地机器人的外壳一般使用ABS塑料（图5）。选材主要是对其强度、防水抗摔性能、轻量化、制作成本、外观质感的综合考虑。其内部组件，如电机支架、电路板固定件、管道和连接器等，经常使用ABS、尼龙、聚甲醛（POM）等工程塑料材料。

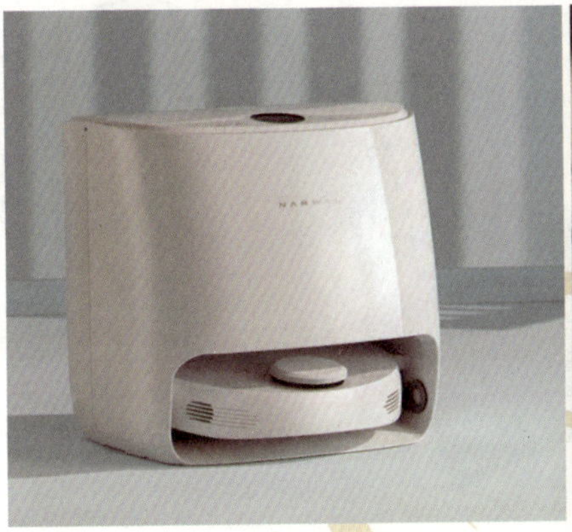

(a) 外形图

(b) 扫地机器人减速箱使用POM材料的齿轮

图5 扫地机器人

(2) 驱动轮和转向轮。扫地机器人的驱动轮为机器人的移动和转向提供动力，转向轮只提供机器人的支撑，不提供动力，随驱动轮的方向而运动。两种轮子通常选用具有缓冲功能，耐磨性强的橡胶材料，如图6所示。同时，为了保证驱动轮平稳地旋转，电机和轮子的连接需要轴承的支撑，轴承的材质可以是金属或工程塑料。

图6　扫地机器人的驱动轮和转向轮

3. 控制系统中采用的新材料

机器人控制器的电路板是机器人的"大脑"，如图7所示。电路板负责机器人控制器的信息接收和处理，并根据预设的程序或外部指令来控制机器人的运动和动作。图7中电路板制作的常用材料是玻璃纤维增强环氧树脂板(FR4)，由环氧树脂和玻璃纤维布组成，具有优良的绝缘性、耐热性、耐潮湿性和机械强度。

图7　扫地机器人的控制电路及玻璃纤维增强环氧树脂电路板

4．感知系统材料

机器人的传感器相当于机器人的“感官”，能够让机器人感知并理解外部环境，从而实现自主决策和行动（扫地机器人构建地图，如图8所示）。传感器的作用包括检测物体存在与否、测量距离和位置、识别形状和颜色、感知温度和湿度等环境参数。这些感知数据被转换为电信号后，传输到机器人的控制器中进行分析和处理，从而使机器人能够做出相应的动作和反应。扫地机器人的感知系统由多种类型的传感器组成，如图9所示，这些传感器用于保障机器人的正常工作并避免碰撞和跌落。

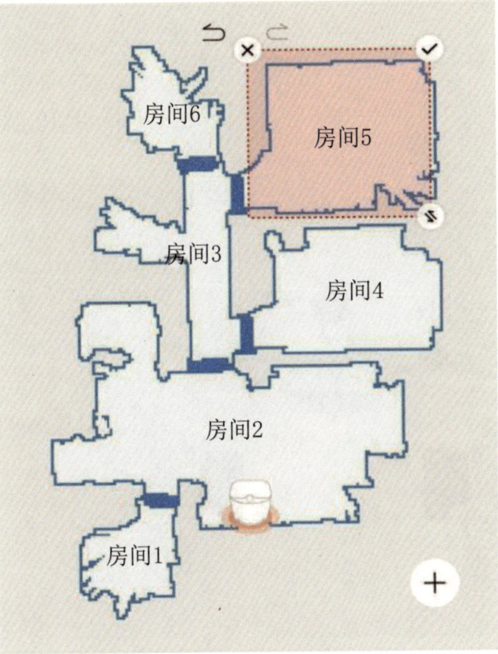

图8　扫地机器人构建地图

（1）避障传感器。避障传感器一般采用红外或超声方式。其中，红外避障传感器包含红外发射器和接收器两部分。当红外线照射到障碍物表面时，会发生反射，传感器可以通过检测反射的强度来判断障碍物的距离。一般来说，障碍物距离越近，反射的强度就越大；障碍物距离越远，反射的强度就越小。需要注意的是，红外避障传感器对于透明的或近似黑体的物体可能无法检测。这是因为这些物体对红外线的反射能力较弱，导致传感器无法接收到足够的反射光信号，从而无法判断障碍物的存在。

目前一些扫地机器人采用结构光避障技术进行避障（图9），其原理是采用红外光源发射出经过编码的红外光线，这些光线具有一定的结构特征，如条纹、网格等，当这些光线投射到物体表面时，会由于物体表面的不同形状和深度而产生不同的反射和形变。通过测量发射光线与反射光线之间的形变或位移,结合已知的发射光线结构,可以计算出物体表面的三维形状。当遇到障碍物时,系统可以根据计算得到的三维形貌信息判断障碍物的位置、大小和形状,并采取相应的避障措施。

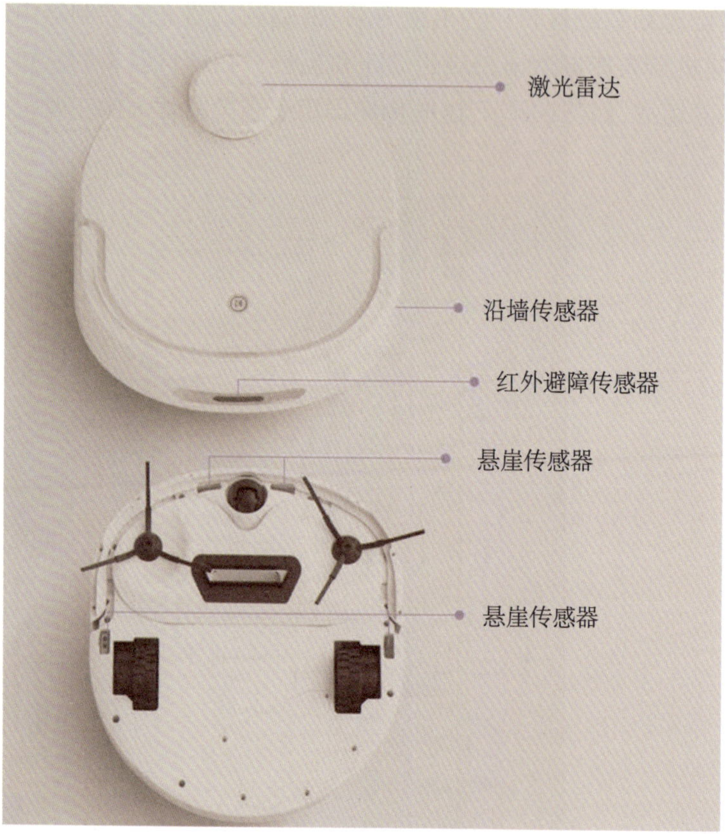

图9　扫地机器人的传感器

(2) 悬崖传感器。悬崖传感器(图10)用于测量扫地机器人和地面之间的距离,避免机器人从高处跌落。以红外线悬崖传感器为例,其工作原理是:传感器会向地面发射一束红外线,并等待红外线的反射。如果红外线遇到地面并反射回来,传感器就能接收到反射的信号。通过测量发射和接收红外线的时间差(time of flight, TOF),可以计算出机器人与地面之间的距离。一旦测量距离超过预设的阈值,传感器就会发出信号,告诉机器人需要停止或转向,以避免跌落。

红外传感器中关键材料是红外光敏材料,它们能够吸收红外辐射并产生电信号。常见的红外光敏材料包括硒化铟、硒化铟镉、硒化锌等。这些材料具有高灵敏度、快速响应和稳定性好的特点,能够在广泛的红外波段范围内工作。另外,红外传感器的材料还涉及红外滤波材料,这些材料能够选择性地透过或阻挡红外辐射。常见的红外滤波材料有红外窗口材料、红外滤光片材料等,它们能够有效地屏蔽掉可见光和其他波段的干扰，使红外传感器能够更准确地感知红外辐射。

图10　扫地机器人悬崖传感器

(3) 沿墙传感器。如图11所示，沿墙传感器一般使用位置敏感探测器(position sensitive detector，PSD)。PSD传感器是一种光学探测器，由具有均匀阻抗表面的PIN光电二极管组成。当一束光落在PSD传感器上时，相应于光能量的电荷在入射点产生，电荷通过P型电阻层被电极收集。P型层是均匀一体的电阻层，被电极收集到的光电流与入射点和电极间距成反比。利用这个特性，PSD传感器可以确定光点的位置，常被用于位置、角度测量，自动跟踪，自动对焦等场景。

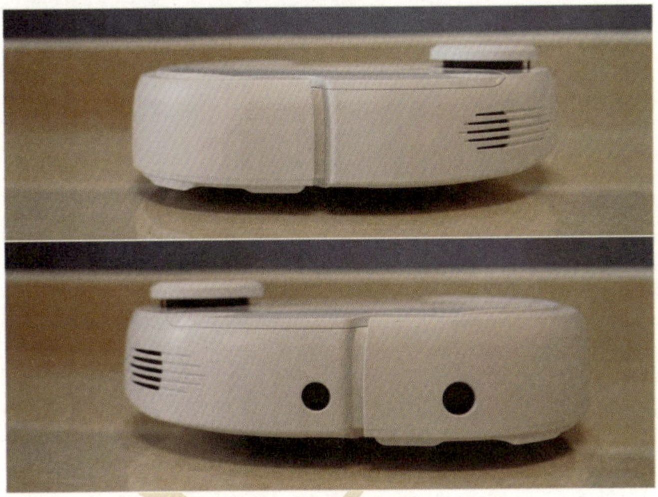

图11　沿墙传感器

(4) 地毯传感器。地毯传感器(图12)一般选用超声波传感器检测地毯。当超声波遇到地毯时，由于地毯的织物对超声波的反射能力与硬质地面(如瓷砖、地板)不同，因此反射回来的超声波信号也会有所不同。通过分析这些反射回来的信号，传感器可以判断地面是否为地毯，并相应地调整扫地机器人的清扫策略。

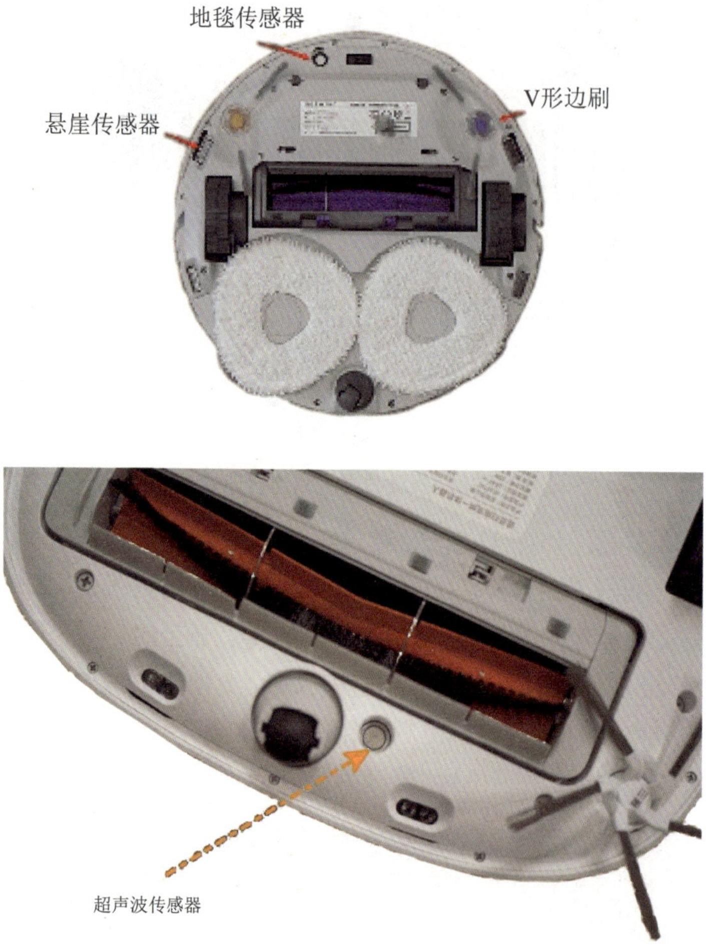

图12　地毯传感器

超声波传感器由压电晶体组成。压电晶体具有压电效应，可以将电能转变成机械振荡而产生超声波，同时它接收到超声波时，也能转变成电能。首先，当外加电压施加在压电晶体上时，由于压电效应，压电晶体会发生形变，进而激发出固有频率的超声波信号。这些超声波信号随后以波束的形式传播出去，用于探测目标物体。通过调整外加电压的幅度和频率，可以精确控制压电晶体发射的超声波波束的幅度和频率，从而实现对不同距离和大小的物体的有效探测。其次，压电晶体还负责接收超声波。当超声波波束遇到物体并反射回来时，压电晶体能够将这些反射回来的超声波信号转化为电信号。这一转换过程同样是基于压电效应实现的。转换后的电信号随后被传递给后续的信号处理和分析电路,通过对这些电信号的处理和分析,超声波传感器可以获取关于物体与传感器之间的距离、位置以及形状等信息。

(5) 激光雷达。扫地机器人工作时激光雷达向周围环境发射激光束,当激光束遇到障碍物时,会反射回来并被雷达接收。通过测量发射和接收激光束的时间差,激光雷达可以计算出与障碍物之间的距离;通过测量激光束的发射角度和反射角度,激光雷达可以确定障碍物的方向和位置。通过不断扫描周围环境并收集大量的数据点,激光雷达可以构建出房间的高精度地图,并为扫地机器人提供导航和定位的依据,如图13所示。

图13　激光雷达

在扫地机器人中,激光雷达通常被安装在机器人的顶部,并以一定的速度旋转,从而实现对周围环境的全方位扫描。通过处理和分析雷达收集到的数据,扫地机器人可以实时掌握自己的位置和姿态,并根据地图信息进行路径规划和清扫操作。

激光二极管是扫地机器人激光雷达的关键部件,制造激光二极管通常使用半导体材料,包括氮化镓(GaN)、砷化镓(GaAs)、磷化铟(InP)等,其中砷化镓激光二极管具有较长的使用寿命和较高的可靠性,常用于扫地机器人的激光雷达中。

5. 电源系统中的先进材料

锂离子电池是目前应用较为广泛的电池类型之一,具有高能量密度、轻量化和较长的充电循环寿命等优点。

扫地机器人的额定功率大约在30瓦(W),根据续航时间1～3小时(h)的要求,可知能量需求(Wh)＝额定功率(W)×期望运行时间(h),计算可知电池容量(Ah)＝能量需求(Wh)÷电池电压(V),电池容量一般在5000 mAh左右(图14)。

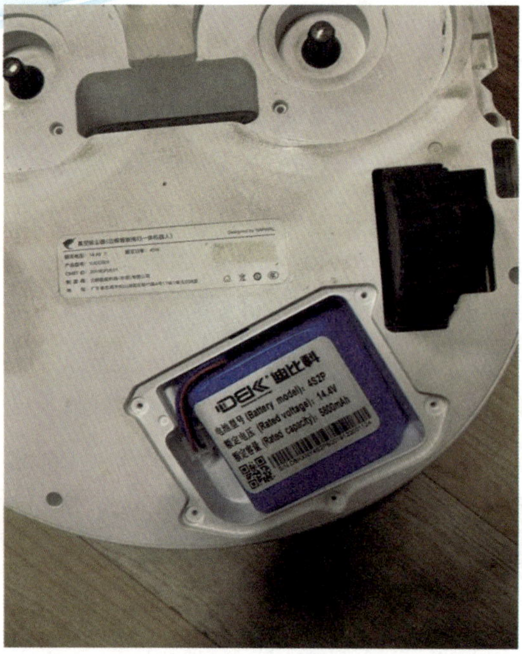

图14　常用扫地机器人的电源系统信息标识

锂离子电池的材料主要包括正极材料、负极材料、电解液和隔膜等。正极材料通常有锂钴氧化物、锂镍氧化物、锂锰氧化物等；负极材料主要有石墨、硅基材料等；电解液则通常由有机溶剂和锂盐组成。

通过对扫地机器人材料的解剖探究，我们发现，这些看似普通的家电产品背后，其实蕴藏着科技的智慧和材料的魅力。先进材料在机器人各部件的使用，不仅保证了机器人的耐用性和稳定性，还赋予了它们优雅的外观和卓越的性能。

随着人们对生活品质需求的提高以及机器人技术、材料技术的不断进步，我们可以期待未来扫地机器人和其他家用服务机器人所使用的材料将更加环保、节能，为我们的生活带来更多的便利和舒适。

高压物理下的圣杯
——金属氢

陈晓红　武　英*

金属氢“怪”的诞生与打怪升级

氢是人们较为熟悉的一种元素，一般以双原子分子组成的气体存在。这种元素在地球上分布极广，水、土壤、空气、石油、动植物体内都能找到它的身影。宇宙中，氢元素的占比则更为巨大，有科学家猜测，宇宙中氢原子的数量比其他所有元素原子数量的总和还要多。常温常压下，氢气是一种极易燃烧、无色透明、无臭无味的气体，密度为0.08342 kg/m^3，沸点为−253 ℃。液体氢密度为70.78 kg/m^3（−252.9 ℃，101.3 kPa）（图1）。

中文名	氢气
英文名	Hydrogen
常温常压	气体
20 K	液体氢
14 K	固体氢

图1　氢分子在不同条件下的状态

1935年，诺贝尔物理奖得主尤金·维格纳和物理学家希拉德·亨廷顿预测，在25 GPa的极端高压下，氢分子会发生分解，形成一种全新的物质形态——固体金属氢原子（图2）。因液态氢或固态氢在上百万大气压的高压下会变成导电体，导电性类似于金属，故称金属氢。金属氢是一种高密度、高储能材料，同样也是一种

* 陈晓红，华北电力大学能源电力创新研究院副研究员。
武英，华北电力大学能源电力创新研究院研究员。

室温超导体。

图2　金属氢的产生过程

但事实证明，制造金属氢极其困难，也极具争议。自从1935年有人预测到它的存在以来，研究人员一直试图在实验室里通过在两颗钻石的尖端挤压微小的氢气样本来制造它。这些微型铁砧可以释放数百千兆帕的压力，但结果往往难以确定。2017年1月26日，《科学》期刊报道哈佛大学在实验室成功制造出金属氢。2017年2月22日，由于操作失误，这块地球上唯一的金属氢样本消失了。

为了得到金属氢，哈佛大学自然科学教授伊萨克·席尔瓦拉（Issac Silvera）和迪亚兹（Ranga Dias）颇费了一番功夫（图3、图4），因为氢的高压实验很难做。他们将一块微小的固态氢样品置于495 GPa的高压下（大约相当于488万个大气压，图4），这一数值甚至超过了位于地球中心的压力值。在这一极端的外部压力下，氢气的两个氢原子之间的化学键将被打开，最终形成由氢原子为最小单位而组成的晶体氢，即具有金属性质的金属氢。

图3　哈佛大学自然科学教授伊萨克·席尔瓦拉

图4　博士后研究员兰加·迪亚兹与本次发现使用的实验设备

席尔瓦拉称“这一发现堪比高压物理学界的圣杯”。“这是地球上第一个金属氢样品。同时也说明，当你在观察这一样品的时候，你看见的是一种世界上从未存在过的东西！”

2019年，北京高压科学研究中心毛河光领导的科研小组与国外科研院校的科学家合作，采用金刚石对顶砧技术以及自主研发的同步辐射X射线衍射相关技术，首次在220万个大气压以上实现了对固态氢第四相的晶体结构精确测量（图5）。他们将该科研过程的难度及最终结果，称为在头发丝上“打怪升级”。

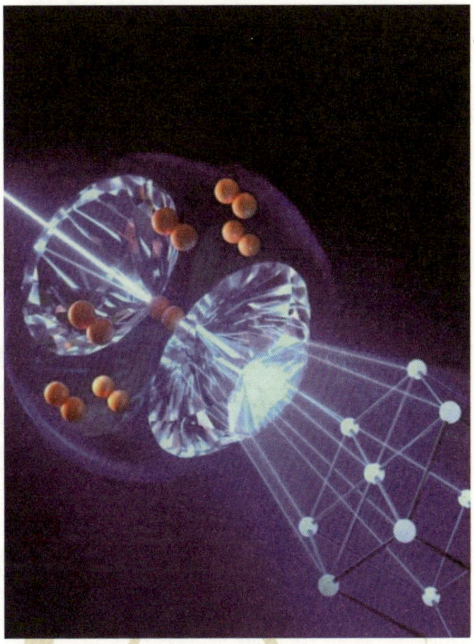

图5　金属氢晶体结构的精准测量

太阳系是金属氢的家

尽管金属氢在地球上很罕见，但它在太阳系中含量丰富，超过80%的行星(包括木星、土星和数百颗太阳系外行星)都是由这种奇异物质组成的。

金属氢是行星系统中最丰富的物质形式，遗憾的是我们在地球上没有天然的金属氢，但在木星上，却有金属氢的海洋。如图6所示，木星的金属氢大约从中心向外延伸约78%的木星半径，即木星一个大气压处向下约22371千米处，在木星表面以下1000千米处都是气态氢状态；然后向内，为固态氢。因此木星中，存在丰富的金属氢。

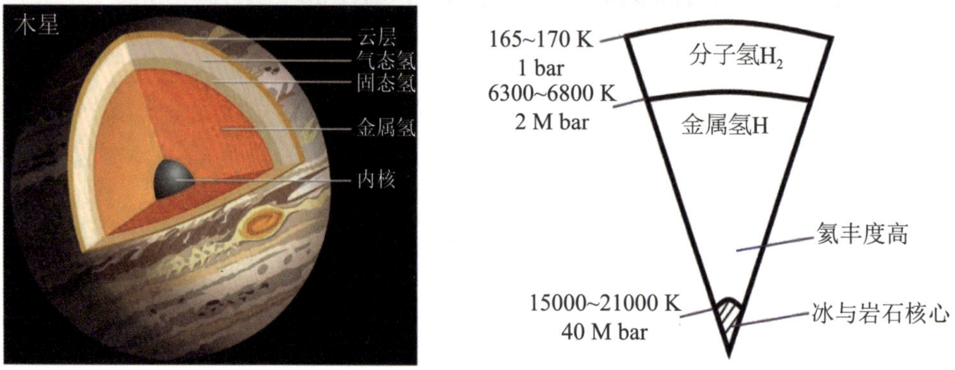

图6　木星中金属氢分布的位置及含量

金属氢——未来能源材料

因金属氢是高密度材料，用它作燃料，火箭的体积和重量都会大大减小，航天事业将因此而产生巨大的飞跃。衡量火箭燃料燃烧效率的单位是“比冲”，即推进剂从火箭后方喷射的速度，它的单位是秒。目前，最为强大的液态推进器的比冲为450秒，而金属氢的理论比冲竟达到了1700秒。金属氢的制备消耗了大量的能量。因此，如果将它转化回氢分子，将释放所有蕴藏的能量，这将使得金属氢成为人类已知的最为强大的火箭推进剂，并彻底地变革航天领域(图7)。

金属氢不仅具有变革人类在地球上生活的巨大潜力，同时作为世界上已知的最强力的火箭推进剂，它还将帮助人类探索遥远的太空。这将使得探索外行星变得轻松许多。之前预测表明，金属氢可能是一种室温环境(约17 ℃)下的超导体，这将是革命性的发现。在电网中，有多达15%的能量在电力输送环节就被损耗了，因此如果能利用这种材料制成电缆，并且将其用于电网之中，将完全扭转这一现状。

图7　金属氢的未来应用

迪亚兹说，作为室温超导体的金属氢可以彻底变革我们的运输系统，使得磁悬浮高速列车成为可能（图8）。同时，它还能使电动汽车更有效率，并改善许多电子设备的性能。金属氢还能为能量的产生与存储带来重大变革。因为超导体具有零电阻的特点，因此能量可以通过超导线圈中的电流进行存储，然后在需要时使用。

图8　金属氢的未来应用

燃料电池

刘建国*

燃料电池的历史

燃料电池(fuel cell)并不是一门新兴的技术成果,早在19世纪30年代就诞生了世界上第一个燃料电池。但由于当时受到技术水平的限制以及其他能源动力系统的冲击等影响,燃料电池一直未得到发展的机会。直至20世纪60年代开始,航空航天系统对高性能动力源的需求以及石油危机等事件的发生,燃料电池迎来了飞速发展,成为当今极具应用前景的高效能量转化装置之一。

1. 早期探索

燃料电池是一种能够将化学能转换为电能的"能量转化器"。"能量转化器"的原理最先是由德国化学家尚班(Christian Friedrich Schönbein)(图1(a))于1838年提出。基于尚班的理论,1839年,英国科学家威廉· 格罗夫(William Grove)爵士(图1(b))发表了世界上第一篇关于燃料电池的研究报告。他在水电解研究中首次发现了燃料气体直接电化学发电的现象,并将含有氢气和氧气的试管通过铂丝连接在一起,组装了世界上第一个简易的氢氧气体电池(图2),这标志着燃料电池的正式诞生,因此格罗夫爵士也被称为"燃料电池之父"。1889年,德国科学家蒙德(Ludwig Mond)和兰格(Charles Langer)在格罗夫研究的基础上提出了专业术语——"燃料电池"。同年,内燃机问世,内燃机的发明使得人们对燃料电池的研究兴趣搁置了60多年。

* 刘建国,华北电力大学教授。

(a)

(b)

图1　(a)燃料电池原理发现者尚班;(b)燃料电池装置发明者格罗夫

在20世纪初的几十年里，燃料电池的大部分工作都是由英国剑桥大学的培根(Francis Thomas Bacon)完成的。1932年，培根成功研制出第一台实用的碱性燃料电池装置，这是一种以氢气和氧气分别作为燃料和氧化剂，双层多孔镍为电极，铂为催化剂，氢氧化钾为电解质，工作温度在200 ℃的中温燃料电池，它的功率可达到5000 W，这使得燃料电池焕发出了新的生机。[1]

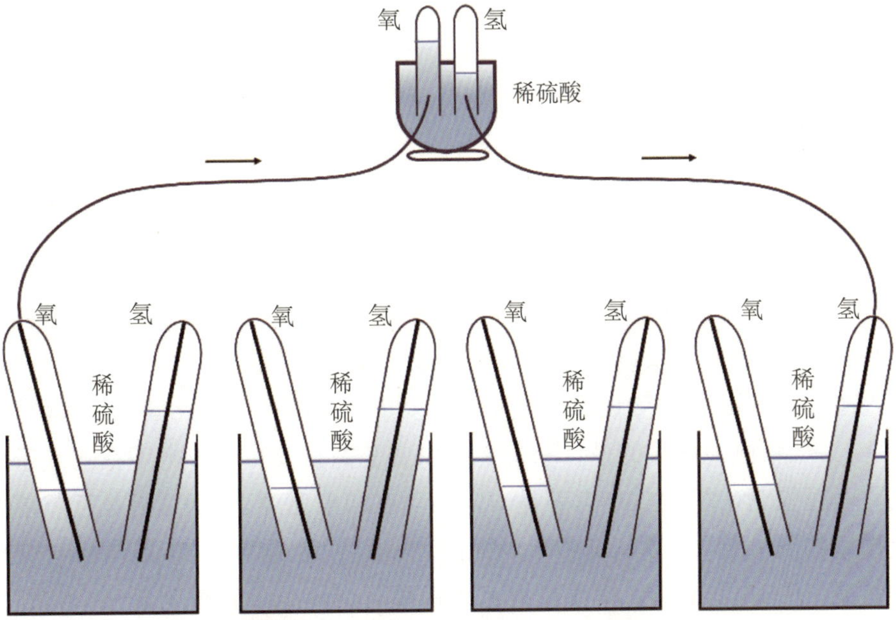

图2　威廉·格罗夫爵士发明的氢氧气体电池(gas battery)

2. 现代发展进程

20世纪60年代初期，美国航天局(NASA)引进培根的碱性燃料电池技术并将其改进后应用于阿波罗登月飞船，这使得燃料电池再次受到人们的广泛关注。1955年，美国通用电气公司成功开发了磺化的聚苯乙烯离子交换膜并将其作为燃料电池的电解质，是质子交换膜(proton exchange membrane, PEM)燃料电池的首次问世。加拿大巴拉德动力系统将杜邦公司开发的全氟磺酸膜用于燃料电池电解质，并于1993年展示了以质子交换膜燃料电池为动力的公共汽车，这是全世界第一辆以燃料电池为动力的客车。除此之外，全世界燃料电池相关的专利也急剧增多，这表明燃料电池的开发已经得到了工程界和科学界的关注和参与。

进入21世纪以后，全球汽车企业已经研发出多种燃料电池动力汽车。在许多城市，以燃料电池为动力的公共汽车已经投入运行。2014年，日本丰田汽车公司宣布制造出了世界上第一辆真正意义上批量生产的零排放的燃料电池乘用车Mirai，该车续航里程达到700千米，整车动力系统可提供113千瓦的功率，截至2024年底，丰田Mirai销量达到28000辆，是全球销量领先的燃料电池车之一。2016年，上海汽车集团开发了荣威950氢燃料电池车，获得工信部公告认证。2022年，在北京冬奥会、冬残奥会举办期间，1000多辆燃料电池汽车作为主运力开展示范运营服务，在交通活动中实现了零碳排放，创造了重大国际赛事最大燃料电池交通动力投入规模。

燃料电池的"家族成员"

1. 单电池—电堆—系统

燃料电池是一种直接将存储在燃料和氧化剂中的化学能高效转化为电能的装置，真正的燃料电池系统结构复杂，这里面从单电池—电堆—系统来逐步介绍。图3显示了燃料电池单电池、电堆和电池系统之间的对应关系：单电池构成了电堆，电堆加上辅助系统又构成了燃料电池系统。单电池是构成电堆的基本单元，单电池主要用于研究和测试燃料电池关键材料和部件(双极板、催化剂、隔膜等)的性能，为燃料电池电堆的设计和构造提供实验数据支撑。单电池在额定条件下的工作电压仅为0.7伏左右，为满足一定的功率和电压要求，通常将数百节单电池通过串联的方式连接，故电堆中单电池的均一性尤为重要，这不仅与材料、部件、结构有关，还与电堆组装、操作过程密切相关。燃料电池系统则是一个完整的发电单元，包括燃料电池电堆及其所有辅助系统，其中辅助组件包括燃料供应系统、空气供应系统、水管理系统、DC/DC以及控制系统等，确保燃料电池电堆的高效运行。

图3　单电池、电堆和电池系统的对应关系

2. 关键部件

燃料电池单电池是由膜电极(membrane electrode assemblies, MEA)和集流板两部分组成。膜电极被称为燃料电池的“芯片”,决定了燃料电池的性能、寿命和成本。集流板又被称为双极板(bipolar plate, BP),具有收集电流、分隔氧化剂与还原剂、疏导反应气体等作用。

(1) 膜电极。膜电极是燃料电池的关键部件之一,是燃料电池进行电化学反应的场所。膜电极一般由催化剂、电解质和气体扩散层(gas diffusion layer, GDL)通过一定的方式组合而成,是多相物质传递的微通道和电化学反应场所。理想的膜电极材料需要具备高导电性、高化学稳定性、热稳定性和低成本,需满足以下条件:① 具有一定的机械强度,能担载催化剂层;② 具备高的孔隙率和适合的孔分布,利于反应物和产物水的扩散;③具有高的导电性,为电化学反应输送电子和离子;④ 具有良好的导热性能。

质子交换膜膜电极的示意图如图4所示,质子交换膜的一侧为阳极,另一侧为阴极,通过涂覆或者喷涂催化剂在质子交换膜两侧形成阴极、阳极催化层,再加上催化层外侧的气体扩散层,最终组成了膜电极。膜电极要求质子交换膜、催化层和气体扩散层三者之间匹配良好、界面性能好、结合均匀紧密。

(2) 双极板。双极板是燃料电池中除膜电极外的第二个关键部件,质量占燃料电池的80%,成本约占30%。双极板位于紧靠端板的内层,主要用来发挥支撑膜电极、传输反应气体和液态水并排出多余热量的作用。

双极板上流场的作用至关重要,对燃料电池的性能影响也较大。流场是为了引导反应气、液流动方向,确保反应气、液在电极表面均匀分配。如图5所示,目前双极板根据流场结构可划分为传统的直通道流场、3D精细网格流场以及最新一代的部分变径流场[2]。直通道流场中生成的水常常会积聚在流场和电极内,这些水会抑制氧气的扩散,影响发电的稳定性。而3D网格流场利用流场结构的亲水特性快速吸收从电极表面排出的水,从而减少对氧气扩散的抑制作用。

最终发展到部分变径流场，在直线流道中设置狭窄部分，产生压力损失，强制将空气吸入气体扩散层，从而提高排水性能和氧气的扩散率，进而提高燃料电池的性能。

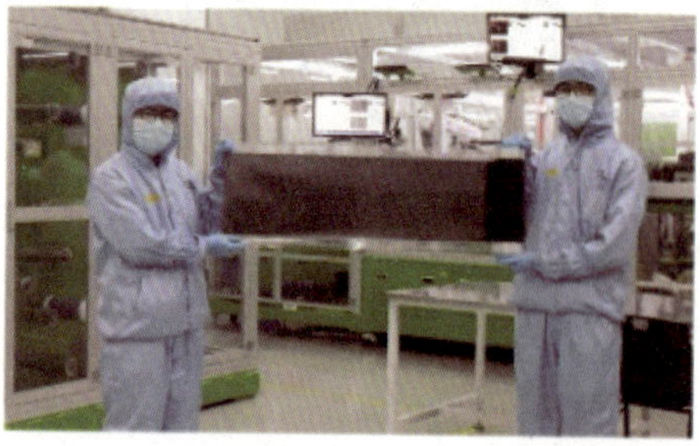

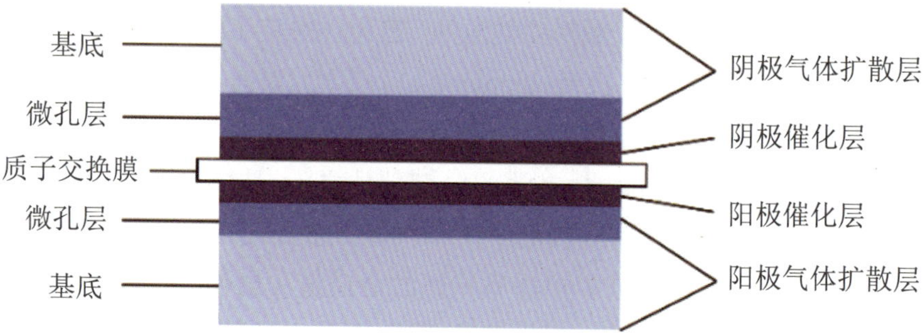

图4　质子交换膜膜电极及其组成结构

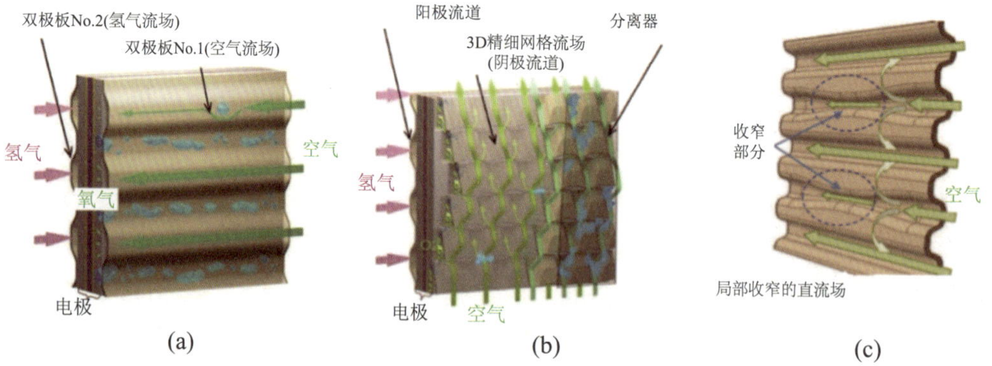

图5　(a)传统的直通道流场；(b)3D精细网格流场；(c)部分变径流场

3. 关键材料

燃料电池的关键材料主要是指膜电极的材料，包括催化剂、隔膜和气体扩散层。

(1) 催化剂。催化剂是燃料电池进行电化学反应的最关键的材料，其作用是降低电化学反应活化能，提高电极反应速率和能量转化效率，是影响燃料电池性能的核心材料之一。如图6所示，目前质子交换膜燃料电池中广泛使用的商业催化剂是Pt/C粉末，这种粉末是由铂纳米颗粒分散到碳载体(例如Vulcan XC-72)上构成的担载型催化剂。但由于贵金属铂的成本高、储量低，量产后成本占到燃料电池电堆成本的40%以上，因此低铂高性能催化剂是未来重要发展方向。

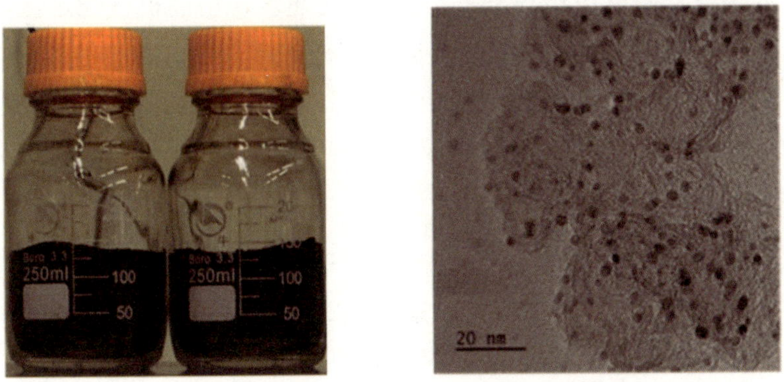

(a) (b)

图6 (a)铂碳催化剂；(b)催化剂的微观分散情况

(2) 隔膜。隔膜的主要功能在于提供离子迁移和传输的通道，并分离气体反应物和绝缘电子，以实现高效的能量转换。故隔膜层越薄，离子传导效果越好，但也需要考虑其机械强度、耐酸碱腐蚀性和成本。就现阶段的技术而言，隔膜的厚度一般在几微米至数百微米，甚至几毫米。

目前隔膜是中低温燃料电池研究的热点，其中最具代表性的隔膜是阳离子型质子交换膜。目前研究最多的质子交换膜材料主要是磺化聚合物电解质，这里要数全氟磺酸质子交换膜综合性能最好，应用最为广泛。如图7所示，商业化全氟磺酸质子交换膜以全氟长链聚合物骨架为主链，全氟聚醚短链为支链，支链上连接磺酸基团，形成的全氟磺酸膜化学结构稳定且质子电导率很高。其中戈尔生产的Gore-select膜和科慕生产的Nafion膜在全球燃料电池质子交换膜供应领域处于领先地位。

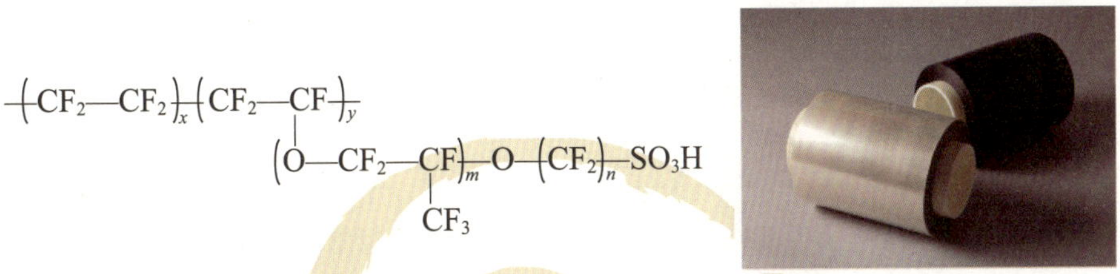

(a) (b)

图7 (a)全氟磺酸膜的化学结构式；(b)Nafion膜产品

(3) 气体扩散层。气体扩散层在燃料电池中位于双极板与催化层之间，负责将二者连接起来，它是由大孔层和微孔层组成的。气体扩散层在燃料电池的运行中发挥了许多重要的作用。首先，气体扩散层具有高导电性，它提供了膜电极和双极板（以及外部电路）之间的连接。其次，气体扩散层具有高导热性，它将反应放热产生的热量从膜电极传导出去。此外，它还表现出高机械稳定性，在燃料电池组装和操作过程中为脆弱的膜电极提供机械支撑。最重要的是，气体扩散层具有合适的传质特性和合适的润湿性，它提供了从流动通道到膜电极的反应气体供应的传输路径，并将阴极产生的过量液态水排出到流场。

4. 产业链

燃料电池各关键材料和部件已经形成较完整的产业链，目前我国在燃料电池的产业链布局方面出台了许多相关政策。2020年9月21日，我国财政部、工信部、科技部和能源局等联合下发《关于开展燃料电池汽车示范应用的通知》，对燃料电池汽车的购置补贴政策调整为燃料电池汽车示范应用支持政策。2021年9月，京津冀、上海、广东三个城市群率先获批燃料电池汽车示范应用。2022年1月，河北、河南两个城市群获批，示范城市群3+2格局初步确定，各示范城市群的燃料电池产业链布局如表1所示。

表1　各示范城市群的燃料电池产业链布局

示范城市群	燃料电池产业链布局
北京	北京市作为核心，引领科技创新、关键零部件及燃料电池整车研发制造，在延庆区、滨海新区、唐山市和保定市分别打造冬奥、港口、矿石钢材和建材运输四大燃料电池特色场景示范区
河北	张家口市牵头，以燃料电池示范应用城市为牵引，实现经济、产业良性高质量发展；聚焦长城汽车、未势能源、河北长安汽车等企业，初步形成了覆盖氢能和燃料电池汽车的全产业链体系
河南	郑州市为牵头城市，负责统筹城市群产业链协调发展，并承担主要的示范应用任务，新乡市开展电堆、系统研发与产业化，洛阳、开封自主研发燃料电池系统等关键零部件，安阳、焦作保障氢能供给，共同推动燃料电池汽车多场景示范应用
上海	上海市负责关键零部件技术全面突破、多场景商用示范商业模式探索，淄博市和南通市重点负责质子交换膜、空气压缩机两大关键部件的技术攻关与产业化应用，苏州市、嘉兴市、鄂尔多斯市、宁东能源化工基地重点负责示范应用场景的挖掘以及燃料电池产品的规模化应用

续表

示范城市群	燃料电池产业链布局
广东	佛山、广州、深圳、淄博、六安和包头六大城市形成燃料电池技术创新和产业核心，东莞、中山、云浮等打造关键材料、技术及装备研发制造基地，珠海、阳江、福州、包头等保障并推动燃料电池汽车的示范应用

在此期间，各示范城市在电堆、膜电极、质子交换膜、气体扩散层、催化剂、双极板、氢气循环系统、空气压缩机等燃料电池八大关键核心技术研发上取得突破，其中除了质子交换膜、催化剂、气体扩散层以外，其余部分已经完全实现国产化[3]。经过我国燃料电池领先企业的研发，燃料电池技术特别是质子交换膜燃料电池技术取得了迅速发展，相继开发出100 kW、150 kW等多种规格的质子交换膜燃料电池组；开发出乘用轿车用净输出135 kW、城市客车用净输出180 kW燃料电池发动机；开发出兆瓦级的分布式燃料电池热电联供系统。而燃料电池汽车推广规模被列为考核各城市群任务目标完成情况的重点之一，目前5个城市群的推广目标为在2025年实现燃料电池汽车的应用超过3万辆，建设加氢站超500座。此外，据不完全统计，已有超过20个省（自治区、直辖市）出台了氢能及燃料电池汽车政策支持，各城市群已累计发布约100项支持政策，覆盖顶层规划、技术创新、车辆推广、加氢站建设、氢能供给、安全监督等诸多环节。

燃料电池是如何工作的？

燃料电池实质是一种电化学发电装置，它的发电原理与化学电源一样，是由电极提供电子转移的场所。

燃料电池工作时，阳极发生燃料的氧化过程，阴极发生氧化剂的还原过程，离子在将电池阴、阳极分开的电解质内迁移，电子则通过外电路做功并构成电子回路。当燃料电池工作发电时，要连续不断地向电池内部送入燃料和氧化剂，排出反应产物和废热，维持电池工作温度的稳定。

以典型的氢燃料电池为例，如图8所示，以氢气为燃料，以空气为氧化剂时，电池的阳极、阴极以及总反应方程如下：

阳极：　$O_2 + 4H^+ + 4e^- \rightarrow 2H_2O$

阴极：　$H_2 \rightarrow 2H^+ + 2e^-$

电池总反应：　$2H_2 + O_2 \rightarrow 2H_2O$

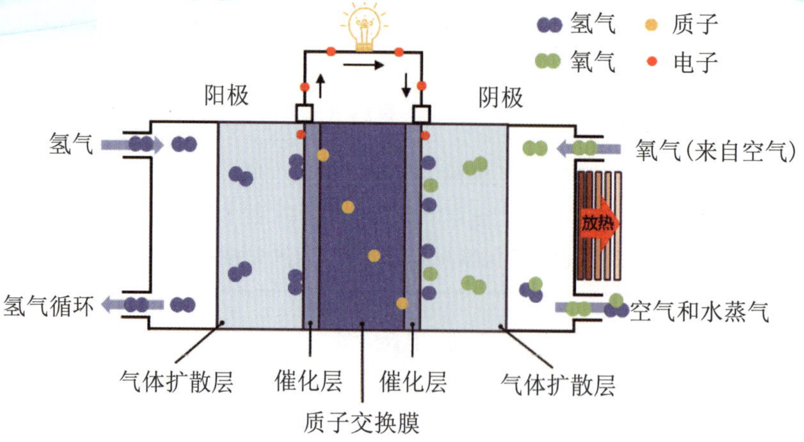

图8　氢燃料电池的工作原理图

燃料电池的闪光点

燃料电池由于采用清洁燃料(如氢气、甲醇等),几乎不会产生污染环境的气体,近似零排放,且稳定运行,噪声低、能量密度高、运行寿命长,被称为继水电、火电和核电之后的人类历史上的第四种稳定发电技术,它具有以下特点:

(1) 高效能量转换。燃料电池的发电过程是燃料直接转化为电能,大大简化了常规燃料燃烧发电所经历的燃烧释放热量供给热机做功,再把机械能转变为电能的复杂过程。由于存在这样一种区别,燃料电池的效率不受卡诺循环的限制,这极大地降低了中间转换的损失,其理论能量转换效率高达85%~90%,即使在各种其他外部条件的限制下,实际的能量转换效率也能够达到45%~55%,由此可以发现燃料电池的能量转换效率较高。

(2) 环境污染小。利用化石燃料的传统火力发电装置在工作过程中会释放大量的氮氧化物、硫化物、二氧化碳和粉尘等,从而引发酸雨和温室效应等严重的环境问题。而燃料电池是一种环境友好的发电装置,其排放物绝大部分是水,几乎不排放氮、硫的氧化物,这对环境污染很小。此外,燃料电池以天然气等富氢气体为燃料时,二氧化碳的排放量比热机过程减少40%以上,这对缓解温室效应是十分重要的。

(3) 比能量高。燃料电池的比能量是其显著的优势之一,这指的是单位质量的燃料电池系统能够存储或产生的能量。比能量高意味着燃料电池能够为各种应用提供更长的续航能力和更高的能量效率。目前,氢燃料电池通常具有最高的比能量,可达到几百甚至上千瓦·小时每千克,远超传统电池技术,如锂离子电池,其比能量通常在100~250 Wh/kg范围内。因此燃料电池在长途(500千米以上)、大吨位(10吨以上)的客(货)运汽车领域应用前景好。[4]此外,燃料电池燃料加注时间短，而且低温性能优异，但氢能基础设施建设还需进一步推进，例如加氢站等设施。

(4) 噪声低。由于燃料电池的电能是通过化学反应而非燃烧过程产生的，因此其运行过程中几乎不产生噪声。这一点对于噪声控制有严格要求的应用环境尤为重要，如医院、学校、住宅区等。燃料电池的安静运行特性不仅提高了使用环境的舒适度，也扩大了其应用范围。

(5) 燃料范围广。对于燃料电池而言，只要含有氢原子的物质都可以作为燃料，例如天然气、石油、煤炭等化石燃料，或是沼气、乙醇、甲醇等，这使得燃料电池系统能够根据不同地区的能源资源和需求选择最为适宜的燃料。因此，燃料电池非常符合能源多样化的需求，可减缓能源的耗竭。

(6) 可靠性和稳定性高。燃料电池系统的设计简单，运动部件少，因此可靠性高，维护成本低。这使得燃料电池特别适合用于需要高度可靠性的应用，如医疗设备、军事设备和远程位置的电源。燃料电池的稳定性也非常适合用作电网的备用电源或负荷平衡设施，可以在电网负荷高峰时提供必要的电力支持。相比其他发电方式，燃料电池的这一特性能显著提高能源系统的整体效率和可靠性。

五彩缤纷的燃料电池

1. 分类

燃料电池的分类有很多，其分类方法也有多种，常见的分类方法有以下四种：

(1) 按燃料的分类可以分为直接式燃料电池和间接式燃料电池。

(2) 按运行机理可以分为酸性燃料电池和碱性燃料电池。

(3) 按电解质的种类可以分为酸性、碱性、熔融盐类或者固体氧化物类燃料电池。

(4) 按电池的工作温度区间可以分为低温型(低于150 ℃)、中温型(150～750 ℃)和高温型(高于750 ℃)。

在这里，我们选用按电解质的分类方式，将燃料电池分为质子交换膜燃料电池(proton exchange membrane fuel cells，PEMFCs，传导H^+)、熔融碳酸盐燃料电池(molten carbonate fuel cells，MCFCs，传导CO_3^{2-})、磷酸燃料电池(phosphoric acid fuel cells，PAFCs，传导H^+)、固体氧化物燃料电池(solid oxide fuel cells，SOFCs，传导O^{2-})、碱性燃料电池(alkaline fuel cells，AFCs，传导OH^-)[5](图9)。根据燃料电池的不同特点，碱性燃料电池主要应用于航空航天，磷酸燃料电池主要应用于中小型发电站，质子交换膜燃料电池主要应用于交通运输和便携式电源，熔融碳酸燃料电池和固体氧化物燃料电池主要应用于大型发电站。

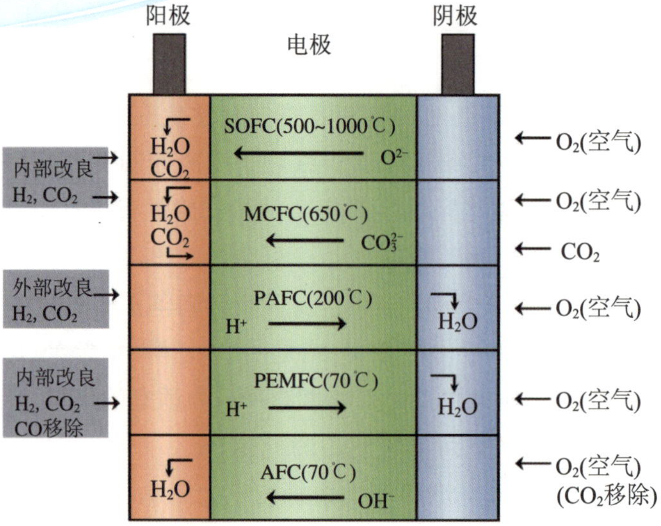

图9　按电解质分类的燃料电池种类

2. 应用领域

近年来，燃料电池的商业化应用如火如荼，如图10所示，主要的应用场景包括：①固定应用（电站、热电联供系统）；② 便携式电源（移动设备、家用、工业电子备用电源）；③ 交通运输（汽车、公交车、重卡）；④ 航空航海（单兵电池、舰艇动力源、无人机飞行器）；等等。资料显示，从2008到2018年，世界范围内燃料电池作为通信网络设备、物流和机场地勤的备用电源市场份额增长了306%。预计到2030年，全球燃料电池的市场规模将达到3000亿元。

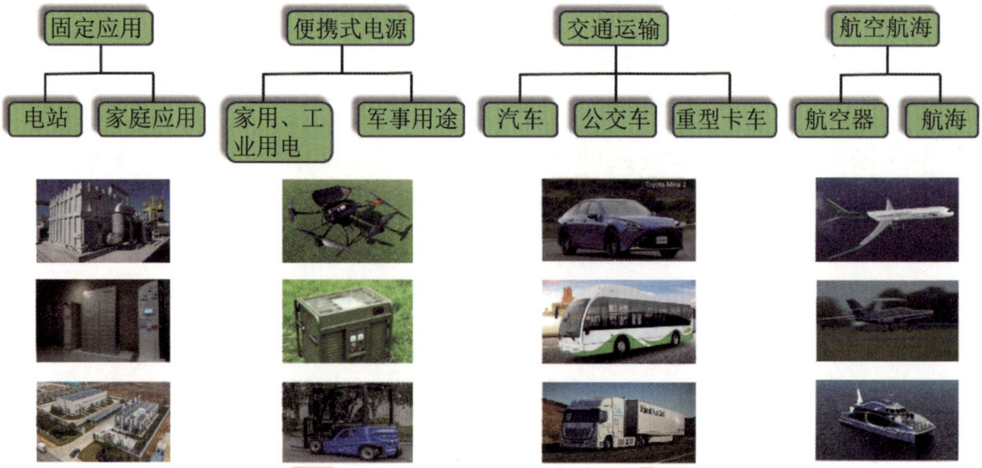

图10　燃料电池的应用场景

燃料电池的发展之路——任重而道远

燃料电池从发明至今已经有180多年历史，图11概括性显示了燃料电池的各阶段发展历程，从图中可以看出，燃料电池经历了早期的实验室阶段（构建电池模型），中期的特种领域阶段（航空航天领域的应用），再到现在的民用推广阶段（交通工具和发电领域的应用）。

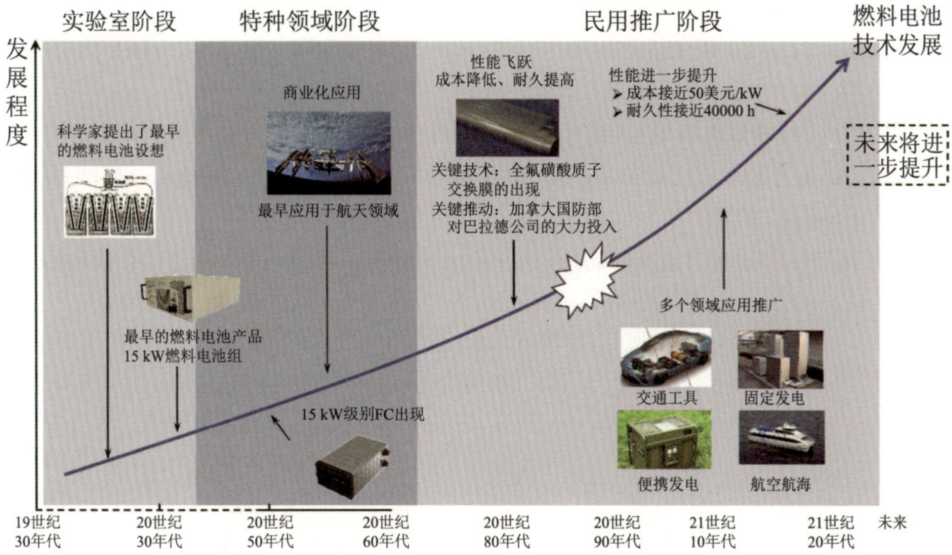

图11　燃料电池的发展阶段示意图

作为新兴产业，燃料电池与交通运输、能源存储和电力供应等领域的发展关系密切，但在大规模普及与应用方面仍面临诸多的挑战，这背后原因主要有三个方面：① 科学技术挑战。主要是燃料电池动态运行条件下的耐久性不足，尤其在燃料电池最容易推广应用的重型卡车和固定式发电站的场景，在实际工况中需要数万小时的连续操作，电压、温度、压力等参数的波动对燃料电池稳定运行造成挑战，目前燃料电池的耐久性还达不到商业运营的要求。② 经济挑战。燃料电池内各个部件的价格昂贵，需要各部件配合降低成本来解决，这也是产业链上下游的发展共识。③ 基础设施挑战。加氢设施的普及程度太低，包括制氢、储氢、运氢、用氢的产业链尚未打通，实际运行的经验太少，这些都是未能推进燃料电池大规模产业化的原因。综合看来，燃料电池面临的挑战因素一方面来自市场，一方面来自底层的科学技术，解决燃料电池运行的成本和耐久性问题，是迈向产业化必须突破的难关。

面对目前我国燃料电池产业发展的困境和挑战，一方面，中国应充分借鉴国外先进的燃料电池技术，求同存异、取长补短，形成符合本国国情的燃料电池发展战略和研发体系。另一方面，加大对国内燃料电池的财政投入和政策支持，加强跨行业、跨区域的协同合作，构建全域联动机制，集中力量攻关燃料电池的关键设备和核心材料，以快速实现其全产业国产化和自主化。

参 考 文 献

[1] 衣宝廉. 燃料电池：原理·技术·应用[M]. 北京：化学工业出版社，2003.

[2] Yoshizumi T, Kubo H, Okumura M. Development of High-performance FC Stack for the New MIRAI[R]. SAE Technical Paper, 2021.

[3] 刘建国. 质子交换膜燃料电池关键材料与技术[M]. 北京：化学工业出版社，2021.

[4] Jiao K, Xuan J, Du Q, et al. Designing the Next Generation of Proton-exchange Membrane Fuel Cells[J]. Nature, 2021, 595(7867): 361-369.

[5] Kahraman H, Akın Y. Recent Studies on Proton Exchange Membrane Fuel Cell Components, Review of the Literature[J]. Energy Conversion and Management, 2024, 304: 118244.

文物材料
——解读与传承历史文明的钥匙

罗宏杰　李伟东　黄　晓　马　啸*

什么是文物材料?

文物是人类在社会活动中遗留下来的具有历史、艺术、科学价值的遗物。在文物研究中,通常涉及两类材料:一是文物本体材料,二是文物保护材料,两者统称为"文物材料"(herit-materials)。

对文物本体材料,可利用自然科学与社会科学等多种学科研究方法,解析文物背后所隐含的材料科学、材料加工技术、装饰艺术、贸易等古代社会科技水平、生活形态以及文化商业交流等多元信息,以期更好地认知与还原古代历史,传承文明。在本文中,我们以古代陶瓷为例,详细展现文物的科学认知,从而解读历史的全过程。

对文物保护材料,人们通常在文物病害机理研究的基础上,设计合成新型保护材料,或"老药新用"地选择商用材料,在不影响文物本体所隐含"价值"(历史价值、科技价值、艺术价值等)的前提下,将这些保护材料引入文物本体或所处环境中,以"治愈"或"遏制"文物的"病情",达到尽量延长文物寿命的保护目的。本文展现了考古现场应急保护材料薄荷醇的设计准则、遴选方法、保护效果评估与应用等全过程的研究思路。

* 罗宏杰,上海大学文化遗产保护基础科学研究院、硅酸盐质文物保护教育部重点实验室教授。
李伟东,中国科学院上海硅酸盐研究所研究员。
黄晓,上海大学文化遗产保护基础科学研究院、硅酸盐质文物保护教育部重点实验室研究员。
马啸,上海大学文化遗产保护基础科学研究院、硅酸盐质文物保护教育部重点实验室教授。

文物本体材料研究——解读历史

一般而言，我们可以按照图1所示的研究范式，揭示文物背后的历史与文明信息。

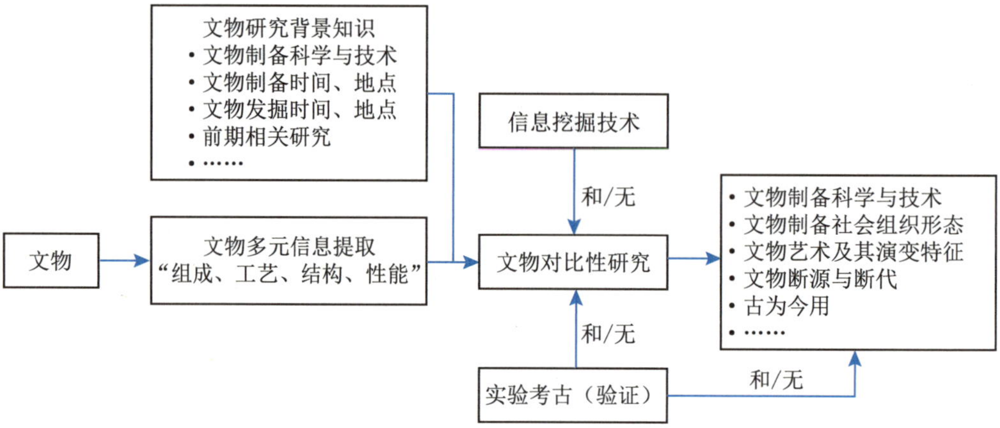

图1　文物的研究范式

首先，可从多学科角度，提取或观察文物的特征信息，包括了解文物的组成、工艺、结构、性能及其相互关系，结合文物出土（或收藏）等相关多学科背景信息进行对比性研究。必要时，可借用多元统计分析、图形分析等大数据挖掘技术以及实验考古等方法，对文物进行定性或定量的对比以及科学验证研究，以期系统、全面、科学地获取隐含在文物背后的制备科学与技术、生产社会组织形态、人文艺术以及古代贸易特征等历史信息，同时复原并传承优秀的传统文化（非遗）、活化文物服务社会、古为今用开发现代工业产品等社会经济活动。

为了挖掘文物背后所蕴含的丰富历史、艺术以及科技等价值，我们以古陶瓷为例，重点从自然科学角度展示其在文物研究中的应用案例。

古代陶瓷包括陶器和瓷器两大类文物，是土和火交融而成的艺术品。

古陶瓷科技研究用的标本主要来源于田野考古和水下考古。在田野考古和水下考古发掘时，人们会从古代窑址、墓葬或人类遗址中，发现诸如窑炉、陶瓷作坊、陶瓷完整器或碎片、匣钵，以及陶瓷制作的原材料等历史遗存，为古陶瓷多学科的交叉研究提供珍贵且难得的实物资源。

1．古代陶器的发明和发展

考古资料表明，陶器发明的时间可追溯到距今20000年前，在中国以及世界其他不同区域均有发现，具有“多源”起源的时代特征，如现有考古资料表明中国仙人洞发现距今20000年前的陶器。[1]

陶器的出现极大改善了食物储存以及烹饪方式，并为人类宗教等社会活动提供了新型的物质载体，丰富了人们的生活，提高了人们的生活质量。但是，由于早期的陶器制作工艺简单、烧成温度较低，早期陶器不可避免地具有质地疏松、易吸水、易被污染等缺点。为改善这些不足，古代陶工随着制陶技术的积累以及应用的需求，创造了诸如泥釉陶器、印纹陶器、彩绘陶器、夹砂陶器、黑陶、白陶、低温釉陶，以及用于金属铸造用的陶范和建筑使用的砖瓦等等琳琅满目的陶器制品(图2)。

(a) (b) (c)
(d) (e) (f)
(g) (h) (i)

图2　不同类型的陶器

(a) 江西仙人洞遗址3C1B地层出土的陶器碎片，距今约19000～22000年[1]；(b)印纹硬陶，战国，美国弗利尔美术馆藏；(c)彩绘陶双耳壶，马家窑文化[2]；(d)蛋壳黑陶高柄杯，龙山文化[2]；(e)白陶雕刻饕餮纹双耳壶，商代[2]；(f) 绿釉狩猎纹陶壶，东汉，华侨博物馆藏；(g)青铜器物纹饰陶范，银锭博物馆藏；(h)大明宫遗址莲花纹方砖，唐代，大明宫遗址出土；(i)陶白虎纹瓦当，汉代，故宫博物院藏。

2. 瓷釉和瓷石的发明

在陶器外观装饰技术发展的同时，随着人们对陶器制作原料以及高温烧成技术认识的提升，我国出现了用低熔剂性黏土原料制作的印纹硬陶，以及与之伴随的早期原始瓷器。研究表明，这些印纹硬陶与部分早期带釉陶器的制作原料以及制作工艺基本相同。[3]

瓷釉的起源包括草木灰(未完全燃烧的草木灰)、窑汗(窑炉内壁耐火材料在高温下以及草木灰协同作用下形成的一层玻璃状熔体)等多种起源观点。[4]

在陶器制作中，木材是我国常用的重要燃料，其在燃烧中会形成未完全燃烧殆尽的草木灰(富含 CaO、P_2O_5、K_2O、Na_2O 等熔剂性组分)，随火焰在烟筒或窑炉前后高差产生抽力的作用下进入窑膛内部，部分会沉积在窑内裸烧陶器的表面，高温作用下草木灰与陶器表面的黏土发生反应，形成具有玻璃光泽的釉斑。釉斑的反复出现，不断提示与启迪古代陶工将草木灰与早先已经掌握的泥釉制备工艺相结合，发明了高温瓷釉的制备工艺，为陶器向瓷器的蝶变奠定了坚实的高温釉料制备技术基础。

在江西吴城商代遗址中，人们发现大多数带釉器物变形严重，反映了釉光泽性玻璃质感物质常出现在窑炉中温度较高的区域，较高的温度固然有利于草木灰在陶器表面形成漂亮玻璃物质，但也大多伴随着陶器胎体的高温软化变形。玻璃质感的提升与陶胎耐火度的矛盾，促使人们寻找新的具有更高耐火度的原料制胎，由此促使了新的原料——瓷石被发现。瓷石主要分布在我国南方一带，是由长英岩、细晶岩、石英斑岩、次生石英岩等酸性浅成岩经热液蚀变作用而成。由于瓷石本身含有构成瓷的全部成分，故被称为瓷石，意思是制作瓷器的石头，最早被中国人发现用来制作瓷器，故还被称为中国石。

3. 瓷器的发明和发展

瓷石制胎、草木灰制釉以及良好高温控制技术，促使了商代原始瓷的诞生，为我国在汉代发明创造具有现代标准意义上的瓷器奠定了坚实的科技基础，促使了人类历史上重要的人造材料——瓷器的诞生！

最早的瓷器是青瓷，并由此发展出了诸如黑瓷、白瓷、青花瓷以及多种装饰效果的彩瓷产品。它们不但丰富了中华民族的生活，而且途经丝绸之路等贸易通道，将我们祖先的聪明智慧带到了世界各个角落，赢得了世界的赞誉，带动了世界其他地区不断模仿制备中国瓷器(fine china)的发展，为中国赢得了英语国名China！

但是，中国古瓷发明创造科学内涵的话语权，过去多被西方发达国家所掌握，严重影响了中华陶瓷文明的科学认知、继承以及传播。冶金、陶瓷学家周仁先生留学归来后曾对此疾呼“我国瓷业独步全球……但不敢应用科学加以说明……若不加急研究，后悔无及！”[5]为此，周仁先生于20世纪20年代就迅速开展了中国古陶瓷的科技研究，在国内开启了中国古陶瓷科技考古研究的先河。随后，历经中国科学院上海硅酸盐研究所以李家治先生为代表等一批科学家的辛勤努力[4]，解决了众多考古关切的历史问题，为中国传统制瓷技艺的科学认知、恢复、传承、创新等都做出了巨大的贡献。

通常，古陶瓷的科技研究是在分析其组成、结构、性能等材料特征信息的基础上，结合同时期古瓷制备工艺（原料加工、成型、烧成等）的考古资料以及研究成果，借助陶瓷科学原理及工艺基础逆向反推，以获得古代瓷器的制备科学与技术，必要时可借助现代陶瓷制备技术在实验室中复现以验证所获得研究结果的正确性。

在古陶瓷科技发展规律的研究中，需要比较不同时代古陶瓷样品的“组成、工艺、结构、性能”信息，并由此归纳总结出古代制瓷原料、工艺、烧成以及性能变化规律，为与科技变化相关的社会、贸易等历史问题研究提供科技支撑。

但是，面对每个都具有10余个甚至更多的化学组成且样品数量成百上千达万时，它们之间的相互比较以及可视化表达就涉及高维空间数学问题，这是古陶瓷大数据研究面临的第一大难题。为此，周仁、李家治等科学家曾将Seger化学式引入中国古陶瓷样品化学组成的比较研究中。

Seger化学式以$a(R_2O+RO)\cdot bR_2O_3\cdot cRO_2$形式呈现，其中$(R_2O+RO)$、$R_2O_3$、$RO_2$分别代表碱性、中性、酸性氧化物，$a$、$b$、$c$为氧化物含量的摩尔数。其优点是可将高维空间简化成二维或三维空间进行研究，但缺点是Seger法在简化计算中，将所有氧化物合并成三类氧化物，掩盖了归入同类的不同氧化物之间的差异，常易导致错误的结论。为此，寻找古陶瓷数据的科学比较方法，对研究我国古陶瓷科技演变规律意义重大。

为克服Seger方法存在的本征缺陷，罗宏杰等中国科学院上海硅酸盐研究所科学家在国内率先将数据库与多元统计分析引入中国陶瓷考古研究领域，出版了《中国古陶瓷与多元统计分析》专著，被认为是中国首个将计算机应用于考古研究的课题组[6]，进一步建立并完善了中国古陶瓷多元信息（包括化学组成、显微结构、物理性能以及器型结构等）数据库，发展了古陶瓷大样本高维空间数据挖掘方法，取代了传统的Seger方法，大幅提高了数据挖掘的效果与效率，在古陶瓷科技发展史、古陶瓷综合断源断代等研究方面取得了多项研究结果。[7]随后，郑州大学、中国科学院高能物理研究所、上海博物馆、故宫博物院等单位，也先后加入中国古陶瓷数据库以及数据挖掘研究的行列，共同推动了中国古陶瓷大数据研究的发展。

中国古陶瓷5000年科技发展史研究

在中国古陶瓷科技发展史研究方面，通常采用图1所示技术路线。中国科学院上海硅酸盐研究所罗宏杰团队从中国古陶瓷多元信息数据库中，选取我国不同窑口、不同时期从陶到瓷的3000多个典型古陶瓷样品的化学组成，借助对应分析、聚类分析、判别分析等多种数据挖掘方法，获得了我国不同时期古陶瓷的组成演变规律(图3)。

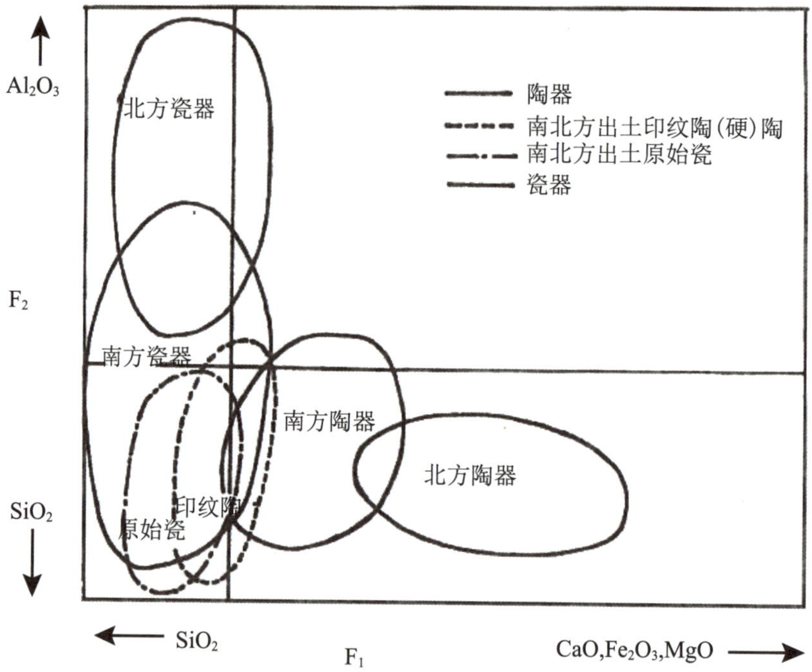

图3　中国古陶瓷化学组成对应分析因子载荷图

随后，李家治先生依据上述大数据挖掘结论，并结合多种考古研究资料，将中国古陶瓷5000年发展过程归纳总结为“五个里程碑、三大技术突破”[4]。其中，五个里程碑分别是：新石器时代早期陶器的出现，新石器时代晚期印纹硬陶和商周原始瓷的烧制成功，汉晋时期南方青釉瓷的诞生，隋唐时期北方白釉瓷的突破，宋代到清代颜色釉瓷、彩绘和雕塑陶瓷的辉煌成就；三大技术突破是：原料的选择和精制，窑炉的改进和烧成温度的提高，釉的形成和发展。李政道先生对此进行高度评价，认为“五个里程碑和三个重大技术突破，非常了不起，是对中国古陶瓷科学技术研究的指导性总结”。

文物保护材料研究——延续文明

在千百年多种自然环境的侵蚀下，大多数文物都百病缠身，出现了多种不同的退化、老化乃至腐朽变质等现象。此外，考古主动发掘，或者基建引起的被动发掘会带来文物所处环境的瞬间巨变，会加速文物因氧化、失水、紫外分解、生物真菌等环境剧变而产生破坏，使本不强大的“基体”再次经受致命的打击，有的会很快变色、粉化甚至消失殆尽。如何在发掘第一时间、第一地点抢救性保护这些珍稀、极度脆弱的文物，是文物保护的首要而且也是重要的任务！除此而外，对于那些长期保存在地上以及博物馆中的文物，如何对他们进行永久性的保护，则是文物保护面临的长期任务。

为了延续文物的寿命，人们需要研究不同文物在其所处环境下的病害形成与发展机制，并由此开展保护材料的筛选或设计制备，继而在保护材料“安全性、可靠性、耐久性”等系统评价的基础上，研究保护材料的应用技术，最终达到控制或治疗文物病害、延长文物寿命的目的。

下面仅以考古发掘现场文物保护材料的设计、制备以及应用为例，展示文物保护材料的研究进展。

1．考古现场临时固型提取材料

在考古发掘过程中，文物通常会面临环境的剧烈变化，包括更高的氧含量和更强的光照，以及地下埋藏环境与大气环境之间的温度和湿度差异。文物若能避免这种突变，将对其保存大有裨益。此外，在考古发掘中，许多文物往往非常脆弱，可能需要在安全转移至实验室前进行预固化处理。为了解决上述问题，有必要在考古发掘现场及时对文物进行抢救性保护处理。

使用合适的材料是确保其产生良好保护效果的关键。这些抢救性保护材料应具有以下特性：

(1) 能够临时加固文物，以保证文物发掘提取与运输。这些材料可以进入文物孔隙或文物裂隙中，与文物复合并增加文物的强度，或可以将多个文物和碎片固定在一起，便于文物在发掘过程的提取与运输，并保留文物出土时的物理分布状态，为后续保护修复奠定基础。

(2) 能够屏蔽环境，以减少氧气、紫外线、水、生物孢子环境等对文物的损伤。这些材料应能够有效屏蔽或减缓由各种环境因素对文物的损害。

(3) 能够从材料中可控挥发，以便为后续永久性加固材料的进入留下空间。当这些文物运输到博物馆或实验室进行修复前，抢救性保护材料应当全部安全性地脱离文物，以便为后续永久性保护材料的进入留下空间。

(4) 能够安全环保，对文物、人以及环境安全无害。这些材料基本上不应对文物、人以及环境造成损害。

(5) 能够方便应用且经济便利。使用这些材料的方法应简单快捷，以便在尽可能短的时间，既能屏蔽发掘环境对文物的影响，且又能为文物的快速提取与输运提供强度。在新研制材料与商用材料性能基本相当的情况下，应优选那些已经长期应用被认为是绿色、安全的商用材料，这样可以大大加快材料应用于保护的速度，减少材料安全评价所需的时间与成本。

2. 考古发掘现场脆弱文物抢救性保护材料——薄荷醇及其衍生物

在历史上，考古人员曾在发掘现场使用了多种临时固型材料，如石膏、聚氨酯泡沫和环十二烷等。但这些材料均存在各自本征的缺点，无法满足我国考古发掘现场对文物临时固型提取的多样化需求。罗宏杰等人围绕具有室温挥发性的固体材料，建成潜在可用临时固型材料数据库(约3000种物质)，采用密度泛函理论、随机森林算法等方法预测了这些物质的升华焓、熔点、闪点和蒸气压等数据，并通过高通量实验室性能验证评价，筛选出了优秀的考古现场临时固型提取材料——L-薄荷醇。L-薄荷醇是一种天然产物，广泛用于食品和药物，具有全面的毒理学数据。其在室温下为固体，略溶于水，易溶于有机溶剂中。从2010年开始，研究人员成功使用薄荷醇及其衍生物对秦始皇陵博物院的脆弱文物进行了抢救性保护。[8]研究及应用实践表明，薄荷醇及其衍生物不会改变文物的宏微观特征，同时可在环境可控的条件下从文物中全部排出而无残留，验证了其在文物保护中的安全性、有效性以及耐候性。2012年，在秦始皇兵马俑坑一号的挖掘现场，成功使用薄荷醇对文物进行了抢救性预加固处理，并将其成功转移到实验室进行后续保护。薄荷醇作为一种低成本、易获取、适用且高效的考古现场临时固型提取材料，已在全国多个考古挖掘现场得到广泛应用，包括陕西、江西、浙江、内蒙古、广东和四川等地。迄今为止，薄荷醇已成功用于固型并转移彩绘文物、木质文物、漆器、象牙等重要文物。[9]

薄荷醇的熔点为42～44 ℃，它在低温环境(＜25 ℃)下会迅速固化，难以在环境温度较低时应用。为克服这一限制，罗宏杰团队通过引入其他可挥发性材料，进一步开发了基于薄荷醇的低共融体产物，配制了系列可广泛适应0～40 ℃发掘环境应用的临时固型材料。另外，当文物含水量高或结构紧密时，薄荷醇难以渗透。为此，研究团队还开发了溶剂辅助薄荷醇的溶胶材料作为考古挖掘现场临时固型材料，通过引入少量有机溶剂，改善了薄荷醇在相对高湿度环境下的特性。

研究团队还深入研究了薄荷醇固化过程中可能产生内部应力，研究结果表明，薄荷醇固化时会因为薄荷醇与文物作用状态的不同产生压应力或张应力，但都很小，不足以对文物的安全产生影响。[10]总体而言，薄荷醇类材料在抢救性保护文物方面的综合性能优于国际主流材料，具有有效性、安全性和可控去除性等特点，引领着国际同类材料的绿色发展。未来，这项技术有望在中国考古和“一带一路”考古的蓬勃发展中发挥作用，为传承中华文明、保护世界遗产提供中国方案和中国力量，产生广泛的国际影响力。

文物材料研究发展展望

在过去几十年中，文物材料的研究已经形成了一个多学科交叉的领域，吸引了来自材料科学、化学、考古学、大数据、艺术学和历史学等不同学科的研究人员。这个领域不仅揭示了传统方法难以获取的文物材料中蕴含的古代科技、艺术和历史信息，同时也为保护文物提供了延长其寿命的新材料。值得强调的是，对文物材料的研究需要研究人员、社会、政府、资助机构等各方的共同支持。

围绕文物材料全生命周期研究的关键挑战，包括对古代文物的研究以及新型文物保护材料的开发和应用等，应更加关注以下5个研究方向：

(1) 先进综合分析技术的发展。针对在微米到纳米尺度上具有化学异质性的文物材料，传统的表征技术难以提供重要的化学分布信息。因此，推动先进的分析表征技术，如纳米光谱学、微(纳)CT和同步辐射技术(如μ-XRD、μ-XRF)的发展，将有助于在多尺度上获取文物材料的关键信息。

(2) 文物材料的“成分-结构-性能”的非破坏性和原位的表征与测试。由于文物的珍贵性和脆弱性，非破坏性和原位的分析、测试和监测技术将变得越来越重要。例如，便携式XRF、XRD、拉曼、FTIR和反射光谱等技术在文物保护和考古学领域的应用将得到更广泛的推广。

(3) 文物材料“成分-结构-性能”及其实际环境条件的数据库。利用数据挖掘技术，建立文物材料的数据库，有助于理解成分、性能、结构和环境条件之间的关系，为预防性保护提供支持。

(4) 用于文物保护的“绿色”文物材料及其应用方法。针对文物保护材料的研究，应注重材料的可持续性、兼容性和可逆性。例如，过去用于无机基体文物的大多数保护材料是有机的，长期实现保护效果可能较差，因此需要对能够在自然条件下矿化的无机保护材料进行更深入的研究。此外，需要全面考虑保护材料的工作性能、应用方法、安全性以及长期监测和维护处理。

(5) 类型和器型研究。对古代文物进行类型和器型研究有助于定年和挖掘文物的价值。随着人工智能技术的发展，类型和器型研究将迎来更多的可能性。

总体而言，这些研究方向将推动文物材料研究领域取得更深入、全面的进展，促进文物的科学保护和可持续传承。

参考文献

[1] Wu X, Zhang C, Goldberg P, et al. Early Pottery at 20000 Years Ago in Xianrendong Cave, China[J]. Science, 2012, 336(6089): 1696-1700.

[2] 叶喆民. 中国陶瓷史[M]. 北京: 三联书店, 2006.

[3] 罗宏杰. 中国古陶瓷与多元统计分析[M]. 北京: 中国轻工业出版社, 1997.

[4] 李家治. 中国科学技术史:陶瓷卷[M]. 北京: 科学出版社, 1998.

[5] 周佩德. 周仁先生传略[EB/OL]. http://www.sim.cas.cn/sq90/qcjy2018/201806/t20180614_5026783.html.

[6] 王全玉, 仇正详. 计算机在古陶瓷研究中的应用[J]. 硅酸盐通报, 1996, 2: 63-65.

[7] 罗宏杰, 李家治, 高力明. 原始瓷釉的化学组成及显微结构研究[J]. 硅酸盐学报, 1996, 24(1): 114.

[8] Han X, Huang X, Zhang B J. Morphological Studies of Menthol as a Temporary Consolidant for Urgent Conservation in Archaeological Field[J]. Journal of Cultural Heritage, 2016, 18: 271-278.

[9] 韩向娜, 张秉坚, 罗宏杰, 等. 薄荷醇在墓葬壁画抢救性揭取上的应用研究[J]. 敦煌研究, 2016(5): 142-149.

[10] Chen X X, Xu Y, Chen M, et al. Studies of Internal Stress Induced by Solidification of Menthol Melt as Temporary Consolidant in Archaeological Excavations Using Resistance Strain Gauge Method[J]. Heritage Science, 2020, 8: 68.

会变形的油
——磁性液体的概念及应用

杜兆富*

一块钢可以打造成不同形状，一粒橡皮泥可以捏成各种形状，这不奇怪，因为它们都是固体。一滴油在没有容器的情况下也可以固定成一种样子不变，或者根据人们的需要变化形状，是不是就超出想象了？如同科幻片《终结者2》中的液态金属机器人一样，遇到门、窗等物体阻挡前进道路时，能够以液体状态从门底下的缝隙流出去，然后再恢复成人形。磁性液体就是这样一种不依靠容器就能保持一定形状的液态复合材料。乍看上去，磁性液体就是一碗黑色的油，但是加上磁场后，可以变成一朵花，这朵花可以随着磁场的变化而变化(图1)。为什么磁性液体具有这样的能力呢？回答这个问题需要先了解一下它是怎么来的。

图1　磁性液体在磁场下形成的磁花

* 杜兆富，中国航天科工集团第二研究院第二十三研究所、北京航天微电科技有限公司高级工程师。

磁性液体是什么?

磁性液体(magnetic liquid)又称为磁流体,既具有固体的磁性,又具有液体的流动性。它是由粒径为纳米尺寸(几到几十纳米)的磁性颗粒,在表面活性剂的帮助下,均匀分散、悬浮在基载液(如水、油、水银等基础液体和表面活性剂组成的混合液体)中构成的一种固液两相的胶体混合物,这种材料即使在重力、离心力、电磁力作用下也不会发生固液分离,是一种典型的纳米复合材料。

通俗来讲,就是先把磁性材料做成几纳米到几十纳米的小颗粒,然后给这些小颗粒披上一层绒毛,绒毛的一端紧紧吸附在小颗粒表面,另一端自由伸展,披着绒毛的小颗粒与水、油等液体混合后,形成看上去像水或者油,实际上带有磁性的液体,就是磁性液体了。后面都以油与磁性颗粒做成的磁性液体为例进行说明。

为什么要给磁性小颗粒披上一层绒毛呢? 它有两个作用:一是不让磁性颗粒吸到一起,因为吸到一起后,小颗粒聚成了一大块,就不会在油里安稳待着,就要沉底了;另一个作用是绒毛自由伸展的一端蘸上油后,能带动油一起运动。就像经常说的一个哲理故事,刺猬身上有刺,冬天比较冷的时候,刺猬会相互靠在一起取暖,但是靠得近了会互相扎得疼,离得远了就会感觉到冷,最终刺猬与刺猬之间保持一个合适的距离,既不互相伤害(扎的疼)又能互相取暖而不受冻。如图2所示。

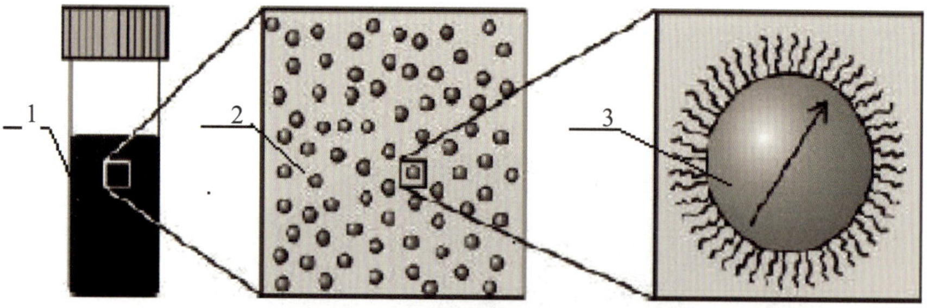

图2 磁性液体逐步放大的示意图

磁性液体的发展历程

磁性液体是一种完全为了满足实际需要,特别是航天工业的需要而开发的产品,其应用逐渐扩展到军事及民用的各个领域,如电子、遥测、遥控、机械、能源、化工、冶金、仪表、环保、印刷、医疗、卫生等诸多方面,成为解决复杂过程问题的可靠材料。

最早的磁性液体又称为磁性胶体,可以追溯到1898年,由Z.Bredig通过电化学反应制备成功。那时候获得的磁性液体只是在磁性材料的大家族中增加了一个新品种,并没有明确的应用目标,也没有引起产业界人士的足够重视。在以后的半个多世纪中,很多科学家经过了不懈的努力,但是进展一直比较缓慢。W. Ostwald等人利用化学反应也制取了具有一定磁性能的胶体,但是这种磁性胶体因为磁性颗粒太大,再加上表面活性剂的选择和使用不合适等原因,使得磁性胶体极不稳定,难以获得应用,因此也未引起重视。但是W.Ostwald将磁性胶体的制备方法从电化学反应推进到化学反应,降低了制备成本和复杂程度,并且开阔了研发人员的视野。1938年,W.C.Elmore第一次成功制备了水基磁性液体。他首先采用化学共沉淀法制备四氧化三铁颗粒,将其分散于水中,并在微粒表面包裹一层肥皂作为表面活性剂。Elmore利用制备好的磁性液体成功地观察到磁畴粉纹图形,后来用自己组装的磁性测量仪证明他制备的磁性液体的磁性符合Langevin方程。1965年,美国国家航空航天局(NASA)为了解决宇航服可动部分的密封及在空间失重条件下的燃料补充问题,利用球磨法成功地制取性能优异而且稳定的磁性液体。S.S.Papell研究的磁性液体作为宇航服和宇宙飞船可动部分的真空密封材料,在失重状态下液体泵输送等方面起到了非凡的作用,他也获得世界上第一个具有实用意义的制备磁性液体的专利,并成功制备了庚烷、油酸和粉状铁磁矿的磁性液体。图3示出了我国航天服头盔部位的磁性液体密封。

图3　磁性液体密封宇航服

自20世纪60年代末期以来,美国、日本、苏联、英国等国家相继开展了磁性液体技术的研究。70年代开始,磁性液体转入民用,其制备方法也在不断改进。相继出现了金属型磁性液体、离子型磁性液体、氮化铁磁性液体等新型磁性液体,显示出了广泛的应用前景。1977年在意大利乌日涅召开了第一次有关磁性液体的国际会议,1980年在伦敦召开了第二届,同年又在美国的奥兰多召开了第三届,之后,每隔三年召开一次,发表论文与专利逾千篇。20世纪90年代以来,磁性液体进入了全面发展时期，其制备技术、应用技术及工业化和商业化技术有了较大进步，并在许多领域得到推广和应用。

磁性液体能干什么？

前面我们说磁性液体是为了满足实际的需要而开发的产品，那么磁性液体能满足哪些实际需要呢？或者说磁性液体能干些什么活呢？由于磁性液体的应用范围太广，下面仅列举几个方面，同时也留待读者发挥想象力，拓展其应用领域。

1．磁密封

磁性液体的密封主要应用在需要运动的部件处，例如转动密封（包括密封真空、微尘，水、气、油等转动密封）。通常在转动部位的密封会采用柔性橡胶圈，为了增强密封效果，橡胶圈要与密封轴、密封套紧密接触，因此需要很大的力量才能使密封轴转动；同时因为紧密接触，导致橡胶圈磨损也比较严重，需要经常更换密封圈。

磁性液体是一种液体，用液体来密封气体可以确保密封部位没有孔洞或者缝隙，比固体密封的效果更好，如果某一处出现漏气，会在液体的流动性作用下自行修复。因为液体的摩擦阻力特别小，所以磁性液体密封的轴承只需要很小的力量就能转动。磁性液体密封的损耗也很小，在液体挥发太多后，只需要添加几滴磁性液体就可以了。总体讲，磁性液体密封具有无泄漏、无摩擦、结构紧凑、经久耐用、工作可靠、可连续工作的特点。

磁性液体按密封的机构形式可以分为单级密封（即只密封一道）、多级密封（密封多道，可以增加密封的压强）。磁性液体密封因其具有的许多独特优点，在航天、电子、机械、化工、制药、食品等领域获得广泛的应用。比较典型的应用有防尘密封（计算机磁盘驱动器主 轴的密封、原子能放射性气体密封、食品工业防止细菌混入密封以及半导体防尘密封等）、真空密封（真空蒸发、真空加热、质谱仪等）、压差密封（反应釜、风机、气泵等）。图4是转动密封的示意图和实物图，该转动密封为两级密封，可以将真空密封在10^{-4} Pa。目前，磁性液体的主要应用就是磁密封。

2．磁浮选

磁浮选主要在矿山开采等领域使用，日常生活中并不常见。在磁场作用下，磁性液体的内部压强随着磁场强度的增大而增大，即可以通过改变磁场来改变磁性液体的视密度。可以利用这一原理进行混合物的分离。例如，回收砂金矿山精选厂尾矿中的黄金，就可以利用水基磁性液体材料进行选矿。我国陕西省阳平关砂金矿精选厂尾矿金，是用磁选和磁性液体分选法从精矿中提取黄金。俄罗斯已有金矿石磁浮选定型设备，其原理如图5所示。由于黄金的密度比较大，在磁性液体中的磁场区域会沉底，而不含金的矿渣密度小，就会浮在磁性液体的磁场区域之上，脱离磁场区域后，矿渣和黄金都会沉底，从而便于收集。

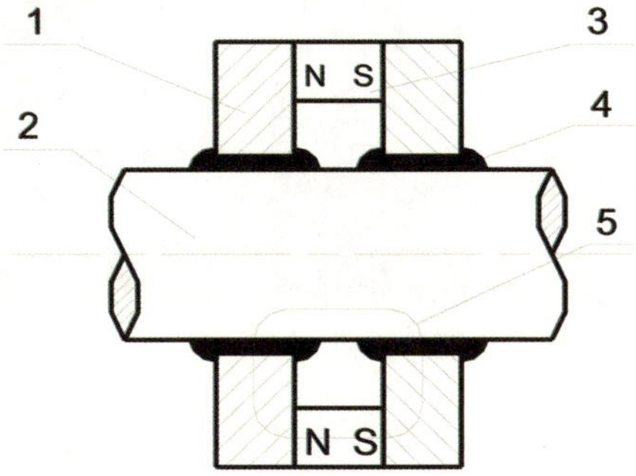

图4　磁性液体旋转轴轴密封原理图(左)实物图(右)

1.磁极;2.转轴;3.永磁体;4.磁性液体;5.磁路。

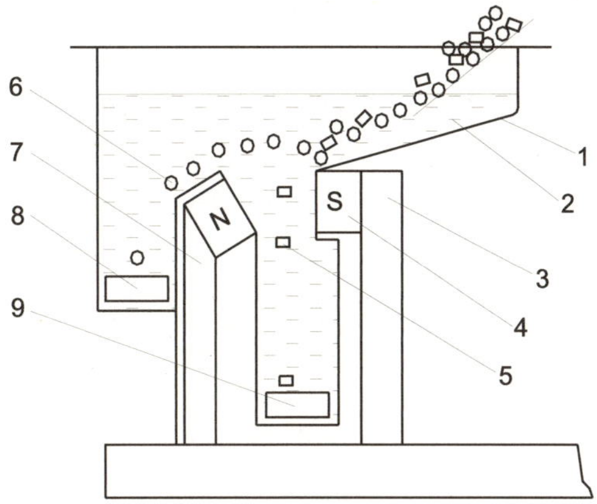

图5　磁浮选示意图

1.浮选槽;2.磁性液体;3.电磁铁;4.磁极;5.金;6.矿渣;7.电磁铁;8.收集箱;9.收集箱。

3. 阻尼装置

磁性液体的黏度可以随着磁场的变化而变化，因此可以制成各种阻尼器，而且这种阻尼器可以根据外力的大小调整磁场，从而改变阻尼系数。由于磁性液体可用磁场定位，因而这类阻尼器无介质泄漏。磁性液体用于阻尼装置已经在工业部门得到应用。国外大型的载重卡车、高速列车已经使用磁性液体减振器。例如，在海上的大桥，会随着海浪或者海风的冲击而摇晃震动，这时候就可以在大桥上安装磁性液体阻尼器(图6)，海浪或者海风比较大的时候，增大磁场从而加大阻尼器的阻尼作用，海浪或者海风比较小的时候，减少磁场，从而减少阻尼作用。另外，高性能扬声器等也可以采用磁性液体阻尼装置。

图6　装有磁性液体阻尼器的大桥

4.磁性液体研磨

在外加磁场的作用下，研磨颗粒浮在磁性液体的上部。被加工工件旋转时，研磨颗粒对工件有一定的压力，并进行研磨，其加工精度高，并可以研磨自由表面。磁性液体的研磨装置由磁性液体、液体槽、研磨颗粒及旋转驱动装置组成，如图7所示。利用磁性液体研磨法对陶瓷球进行精密加工，不但高效率而且高质量。国外已研究把磁性液体用于电子工业高精度加工，如德国的蔡司公司用磁性液体研磨光学镜片。

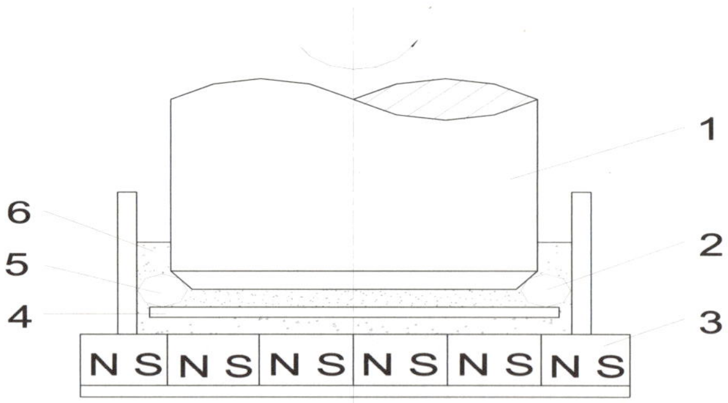

图7　磁性液体研磨

1.转轴；2.工件；3.永磁体；4.浮板；5.工件；6.磁性液体。

5.生物医学

磁性液体在生物医学上的应用被科学家寄予厚望(图8)。水基磁性液体中的纳米级磁性粒子可以吸附治癌药物，将其注入患者体内，在体外磁铁的引导下到达癌瘤部位，靶向攻击癌细胞，能大大提高治疗效率，减小药物副作用，日本、俄罗斯已有成功的应用案例。也可以利用体外的磁铁将磁性液体固定在癌瘤部位，然后进行微波照射，使得癌瘤部位温度升高，从而杀死癌细胞。还可以让磁性液体携带造影剂,从而可以从体外更清楚地看到人体内的病灶。

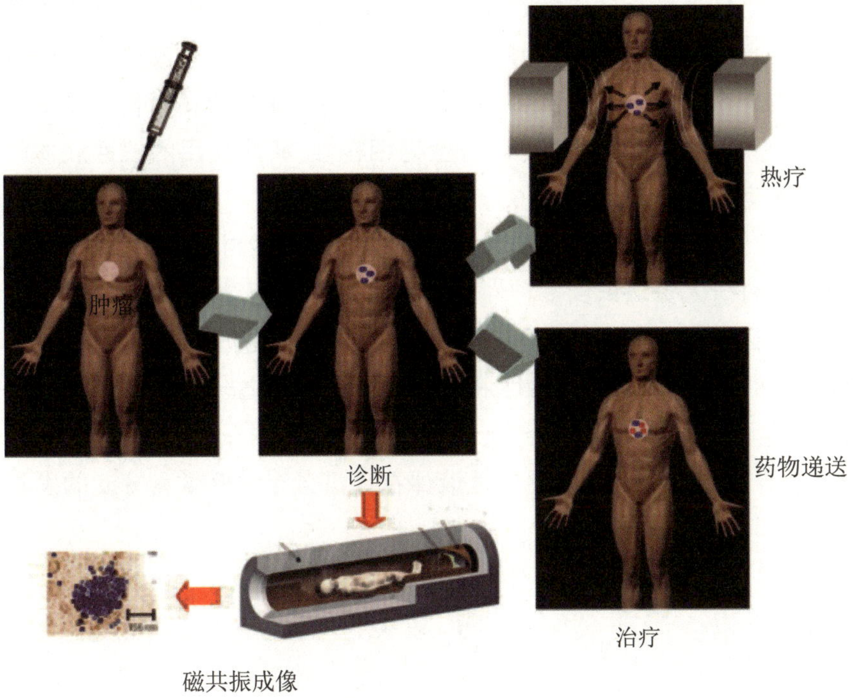

图8　磁性液体在生物医疗中的应用示意图

为什么要用水基的磁性液体呢？主要是考虑到注入的磁性液体不能对人体造成伤害,而水是人体所必需的,可以放心使用。有人会问,那磁性颗粒会不会对人体造成伤害呢？当然,磁性颗粒也要考虑生物相容性,比如采用氧化铁作为磁性颗粒。血红细胞中就存在氧化铁,所以氧化铁对人体的伤害就比较小,而且通过外部磁场的引导,这些磁性颗粒还可以排出体外。

磁性液体未来的发展

总体上讲,磁性液体特别"神奇",它具有液体的流动性和固体磁性材料的磁性,而且由于磁性颗粒是纳米尺度,它又具有许多重要的宏观磁性材料所不具有的性质。磁性液体可以被磁场控制,从而改变其流变性能、热物理性能和光学性能,因此可以应用于各个方面,比如机械、化学、冶金、航天、生活玩具等。磁性液体的应用价值并没有被 完全发掘,未来必将有更重要的发现、运用与改进,如果配合其他装置材料,还将组合出更多的产品,例如人民币防伪等。

但是磁性液体也有天生的缺点,如磁性液体最常用的分散剂是油酸和高分子油等,选用时要考虑稳定剂分子的长链部分必须与基载液的分子相类似,这样才不至于影响颗粒的布朗运动。但直到现在,分散剂的选用一般都还是靠经验和实验来摸索，缺乏理论上的依据。如何制备磁性液体中的磁性颗粒呢？采用化学共沉淀方法就很难制备纯金属磁性颗粒，采用机械方法就很难达到几纳米到几十纳米的大小。因此如何根据使用环境的不同而制备新型的磁性液体仍旧是目前研究磁性液体的一个重要方向。例如，在太空中使用的磁性液体就需要耐受宇宙辐射，在人体内使用的磁性液体就要具备生物相容性，研磨使用的磁性液体就要具有相对高的硬度等。

总之，磁性液体是纳米科技、磁性材料与流体复合的材料，其广泛的应用前景和应用领域让科研人员认识到多种性能兼具的魅力，以及性质组合带来的无穷变化的重要性。因此抓住机会，快速将材料性质与物理性质的组合思想扩散，充分研究各种可能的复合材料，也是磁性液体给人们的启发之一。

材料的魅力是无穷的，前方会有什么样的发现、运用无从可知，但当那一刻来临时，整个世界必将产生变化。愿磁性液体在促进各个关联学科分支的发展方面再创辉煌！

参考文献

[1] 腾荣厚. 浅谈磁性液体[J]. 粉末冶金工业，2001，11(5):48-49.

[2] 腾荣厚. 浅谈磁性液体：续[J]. 粉末冶金工业，2001，11(6): 42-46.

[3] 韩顺涛，李子贤，李德才，等. 针对液体介质的磁性液体旋转密封技术概述[J]. 润滑与密封，2023，48(3).DOI:10.3969/j.issn.0254-0150.2023.03.001.

于“黑暗”处觅新“光”
——突破荧光光谱羁绊的新波长激光

王继扬　杨光赛　梁　飞*

人类生存感知缺不了光

要是问你，一个人要活着，还要想活得好，不可缺的是什么？当然是空气、阳光和水！光是人类生存和感知所依赖的基本物质之一，没有光，人类无法感受自然界的一切。没有光，植物无法进行光合作用，人类无法获得粮食和生活所需。

人们每天都见到日出日落，太阳光芒是人类赖以生存的基本保证。乍一看，太阳光是白颜色的光，但雨后的彩虹却揭示了太阳光是由不同颜色的光组成的。“赤橙黄绿青蓝紫，谁持彩练当空舞”生动地描述了组成太阳白光的颜色。从科学本质来说，光是电磁波，光的不同颜色代表了它的不同波长，颜色是用波长或其倒数频率来表示的。太阳光在可见光部分是由400～760纳米的七色光组成，这些光混合在一起便形成了白光。除可见光以外，太阳光中还包含着我们肉眼看不见的紫外光和红外光。我们通常在阳光下晒衣服、晒被子，是希望利用太阳发射的紫外线来杀灭病菌；冬天，人在太阳下晒晒身上发热暖和，是太阳中红外线的作用。

“最亮的光”、“最快的刀”和“最准的尺”——激光

1．激光是一种人造的强光

1968年7月21日，美国宇航员在月球安放了一个后向反射镜，10天后，一束光从地球发出，直刺长天。一秒多钟后，地球上两组科学家都收到了反射回来的光

* 王继扬，山东大学晶体材料研究院、晶体材料全国重点实验室教授。
杨光赛，天津理工大学功能晶体研究院、晶体材料全国重点实验室副研究员。
梁飞，山东大学晶体材料研究院、晶体材料全国重点实验室教授。

线；人类准确测出从地球到月球距离为384403.9千米，误差小于10厘米。这一束光由红宝石激光器发射，有千兆瓦级强度，即使是从月球反射回来也还是可测的。地球上大城市晚间的照明同样可以达到千兆瓦级，而从月球上看来仍是漆黑一片。两者之差，原因何在？因为那一束到达月球又返回的光线是激光，而城市一般照明的只是普通的散射光线。

2．激光用途广泛

激光是人类20世纪伟大的发明之一，测距只是其拿手好戏之一，它还可以用于通信，光纤通信技术发展使地球成为光纤球，人类进入信息时代。激光还用于工业、农业、医学乃至军事，进入人们生活。激光代替机械，精细快速加工各种超硬材料；激光可以代替手术刀，切除危害健康的肿瘤。在我国，“神光”工程重大装置，将强激光照射到氘原子，模拟乃至实现太阳上每时每刻进行的核聚变，为人类提供巨量清洁而几乎用之不竭的能源。由于激光的神奇作用和广泛应用，人们最早称之为“死光”，今天称其为“神光”。当前，激光技术的发展，使它成为当之无愧的“最亮的光”、“最快的刀”和“最准的尺”，为人类认识和改造自然提供了神奇的利器。

3．科技进步推动激光发展

早在1917年，爱因斯坦提出了受激发射和激光基本概念。直到1960年，梅曼发明出第一台红宝石激光器。激光是“辐射受激发射光放大(radiation amplification by stimulated emission of light)”的缩写，即LASER。激光的产生是与量子论和能带论等的发展密不可分的。理论认为：原子中电子在特定的轨道运动对应于一系列能级。当粒子从某一能级吸收或释放能量到达另一能级时发生跃迁，对应于吸收和辐射跃迁。其吸收和辐射能量等于两个能级差，即$E_2-E_1=hv$。E_1和E_2分别为上、下能级能量，h是普朗克常数，v则是辐射跃迁时光波频率(光波长倒数)。爱因斯坦从量子理论出发，提出了辐射与粒子的相互作用，包括自发辐射、受激辐射和受激吸收跃迁三个过程。

4．激光产生的必要条件——激光工作物质

在普通光源中，自发辐射占优势，光的波长不一样，相位与激光不同。采用受激发射产生激光，其基本条件是实现光放大；前提是要有适当的激光工作物质，有合适的能级结构和能量输入体系，形成上下能级间粒子数反转，这样当频率为v的光束通过工作物质时，光强就会放大而形成激光。在激光工作物质两端安置两个反射镜，形成谐振腔。一束光从入射镜输入，使光束在工作物质经多次反射，即可产生有效的受激辐射放大，在多次反射过程中，偏离轴线光被淘汰，满足“阈值”条件后激光会从输出镜一端输出。

人们发现，利用气体、液体和固体（包括玻璃，陶瓷和晶体）都可以作为工作物质产生激光，但是最方便、最实用的是激光晶体。激光晶体是指以晶体为基质，通过分立的发光中心吸收光能量并将其转化为激光输出的激光工作物质，是应用广泛的全固态激光器的心脏。和其他激光工作物质相比，全固态激光器阈值低、体积小、寿命长、效率高、稳定可靠。人们希望激光晶体具有良好的荧光和激光性质，同时具有优良的光学均匀性、光损伤阈值及基本的理化学性质，并有许多专门参数来描述和评估它们，如荧光波长、荧光线宽、荧光寿命、光量子效率、吸收截面、发射截面、吸收波段、发射波段、透过范围、透过率和激光损伤阈值等。激光晶体的研制，是激光技术中的前沿和重要基础。

5. 激光的广泛用途源于其优越性能

激光具有与普通光源不同且十分优越的特性。首先是单色性好。一般而言，普通光源中单色性最好的氪灯，单色性小于10^4～10^6量级，而与之同为气体的He-Ne激光器发出激光的线宽仅为10^{-4}量级，两者相比，激光的单色性要高出10^8～10^{10}量级。其次是方向性高。普通光源中，方向性最高的是探照灯，光束射到几千米处其直径会扩展到几十米，如果能到月球的话，其直径将扩大到1万千米以上。而红宝石激光束到月球经过38多万千米后还不到10千米，用He-Ne激光器作光源则不到2千米。激光的另一个特性是相干性，即激光所有光波位相相同，激光就像训练有素的特种部队，步伐整齐，所向披靡，而普通光源则如自由散漫的乌合之众。激光正是基于这些特点，被人们广泛应用于科学前沿、农业、国防军事和医疗健康等多个方面。

不同的应用场景需要使用不同波段的激光，例如，可见光激光常用于测距技术，而长波长的CO_2激光则广泛应用于工业切割加工，中远红外激光适用于激光制导系统，紫外和深紫外激光则在半导体检测和先进光化学领域有着重要作用。在一些特定的应用中，需要精确的波长选择，如用于日盲区的激光通信、深海探测以及针对特定疾病的激光治疗等。

激光的波长（频率）是由产生激光时辐射跃迁的能级差所决定的，特定的跃迁产生特定波长的激光。在激光晶体中，所产生激光的波长取决于激活离子的种类及其能级跃迁，这些能级跃迁可通过其荧光光谱确定。

6. 稀土元素和过渡元素大显身手

稀土元素和过渡元素是最常用作激光晶体的激活离子。自20世纪60年代以来，应用最多的稀土元素激活离子是钕离子（Nd^{3+}），例如在掺钕钇铝石榴石（Nd:YAG）和掺钕钒酸钇（Nd:YVO_4）晶体中。此外，掺钛蓝宝石（Ti:Al_2O_3）晶体中的钛离子则是一种广泛应用于可调谐激光器的过渡金属元素离子。

图1是钛离子的能级和光谱。稀土离子内壳层4f电子受5s、p、d电子屏蔽，其能级首先取决于电子间的静电相互作用，还受到自旋和轨道的相互作用，然后再受到晶格场的作用，在这三种作用下形成不同的能级分裂，粒子在这些能级之间跃迁。从理论上来说，可以产生相应波长的激光。这样，当稀土离子掺入不同基质晶体中，存在着数百种激光发射谱线。

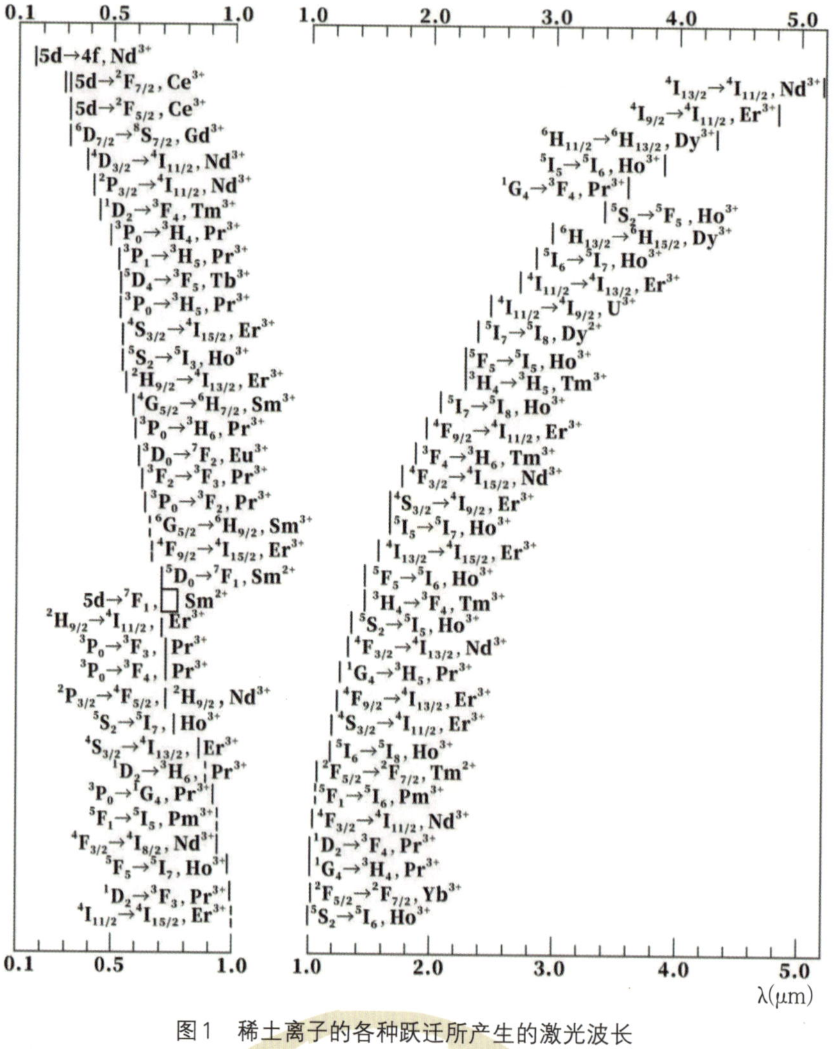

图1　稀土离子的各种跃迁所产生的激光波长

实际上稀土离子的4f-4f和4f-5d能级跃迁覆盖了从紫外约180 nm到红外约5 μm的波长范围(图2)，最短的波长为172 nm，最长的波长是5.15 μm。在所有稀土离子中，Nd^{3+}的应用最为广泛，Ho^{3+}、Tm^{3+}和Er^{3+}离子也具有重要应用，其中Ho^{3+}具有最丰富的发射波长，拥有12个激光通道，而Er^{3+}和Pr^{3+}分别有11个和8

个通道。

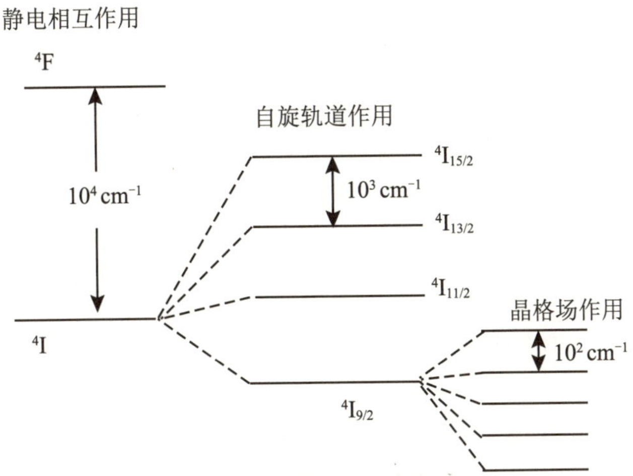

图2 $^4F_{3/2}$电子组态的能级分裂

从以上介绍可以知道，激光极其有用，但其波长受激活离子能级限制。尽管目前已经有数以百计的激光通道，但激光波长由其能级跃迁决定，即由其荧光谱线所决定，而不可以任意产生。从传统的观点来说，没有对应的激光跃迁，荧光谱线以外的波段不可能产生激光。

一般而言，利用稀土掺杂激光晶体制成的激光器只能产生有限特定波长的激光输出，如应用最广泛的Nd:YAG激光器通常产生1.06 μm的近红外激光，是利用Nd^{3+}的$^4F_{3/2}\to{}^4I_{11/2}$辐射跃迁产生的特征波长激光。除此以外，也可以产生$^4F_{3/2}\to{}^4I_{13/2}$跃迁的1.32 μm激光。利用非线性光学晶体还可以将其倍频产生532 nm或660 nm的倍频光或更高阶的激光，但无论如何，所可能产生激光的波长是确定的。

跨越“黄光鸿沟”——任重而道远

目前一些急需激光波段没有相应能级通道可以产生，例如黄色(560～600 nm波段)激光。当前激光的一个重要应用方向是医学治疗。黄色激光对于医学应用尤其重要。由于富含血红蛋白的血管可吸收大部分激光能量，黄色激光可以用作视网膜类疾病和特定的靶向肿瘤治疗。黄色激光波长与人体黑色素和血红蛋白的吸收峰契合，是治疗血液相关疾病和清除色斑等以黑色素沉着为主导疾病与缺陷的有效光源；同时黄色激光又可用作雾灯和激光照明的基础光源。但是长期以来在各种激光晶体中，均难以获得黄色激光并使用，被人们称为“黄色鸿沟”，黄色激光器及其应用成为激光领域中的一个难点和热点。

先前，常用的黄色激光器主要是染料激光器和铜蒸气激光器。染料激光工作物质是液体，而铜蒸气是气体。相比于全固态激光器，这两种激光器都存在体积庞大、结构复杂、输出效率低和安全性较差等缺点。为了实现黄光全固态激光器，研究人员采用非线性光学晶体的和频或拉曼位移过程。稀土金属镝离子(Dy^{3+})的发射波段处于黄光(约574 nm)波段。然而对现有可用于泵浦蓝光激光二极管(LD)的吸收较弱，导致输出效率低。尽管已生长了多种Dy^{3+}掺杂晶体，如Dy^{3+}:YAG、Dy^{3+}:$LiLuF_4$和Dy^{3+}:YAP等，即使花大力气终于实现黄光输出，其效率也非常低。为提高输出效率，研究人员还尝试共掺杂Tb^{3+}离子等手段，结果往往不尽如人意。在追求稀有黄光的道路上，科学家艰苦探索，尽管偶尔会出现一丝微弱的黄色光芒，激励着探索者在黑暗中继续前行，但“黄光鸿沟”依然是一个难以跨越的障碍。

人们清楚，要跨越“黄光鸿沟”，一定要架起前行的坚固桥梁。长期以来，人们就发现全固态激光器的波长在工作过程中会有非常细微改变，或者说是漂移，主要是激光产生过程中热效应所引起。从能带论观点来说，这种波长漂移是由于电子-声子耦合引起的，直接扰动电子跃迁过程，伴随着声子生成和湮灭的虚拟能级。这为在荧光光谱之外直接生成激光提供了一个微妙的可能性。

早在20世纪30年代，科学家们已在凝聚态物质中观察到了电子-声子耦合的荧光光谱现象。然而，受多声子过程影响，荧光谱的峰值强度迅速减弱，随着参与过程中声子数量增加，强度会完全消失。同时，低声子数的跃迁通常会在多声子跃之前发生粒子数反转，这意味着即使在某些特殊情况下多声子-电子耦合得到增强，由低声子数跃迁产生的激光仍然位于荧光光谱范围内。因此，尽管有这种耦合现象的存在，科学家们还未能直接生成位于荧光光谱之外的激光，未能突破荧光光谱对激光波长的限制。

过去20年，在色心激光器、掺钛蓝宝石激光器、紫翠宝石激光和掺钴氟化镁(Co^{2+}:MgF_2)激光器中，基于声子扰动过程展示了强大的波长调节和扩展能力，强烈的电子-声子耦合拓展了荧光光谱，特别是在一些弱耦合的稀土晶体，如Yb_2O_3、$Yb_4O(BO_3)_3$和$Tm(WO_4)_2$中，由于声子参与的热展宽，在荧光光谱边缘或稍微超出其边界处，能够产生振动边带的激光。然而无论这种耦合是强或是弱，基于多声子耦合产生远超荧光光谱的激光在实验上面临巨大的挑战，同时期待着阐明和厘清机理的理论突破。

自1960年第一台激光器发明以来，各激光器波长受制于“荧光光谱内”基本法则，突破限制非常困难！然而，人们并没有停止对新波长的追求。无论多声子耦合效应强度多弱，都为将激光产生范围扩展到荧光光谱之外提供了一个可能的途径，关键是如何去实现。

神奇的发现——激光自倍频晶体和新波段激光

自倍频激光晶体将负责产生激光的激光晶体和变换波长的非线性光学晶体两种功能集于一身。用一块激光自倍频晶体两端直接涂上适当膜层作为谐振腔，就成为一台超小型自倍频激光器，通常可以获得不同功率(从毫瓦到瓦级)、波长从绿到黄绿(532～545 nm)的自倍频激光，具有结构简单、紧凑和低成本等诸多优点。

激光自倍频晶体确实非常神奇，一身二任，可代替两种晶体使用，是复合功能晶体研究热点之一，由于激光和倍频两种功能对晶体各有要求，实现两种特性复合和最佳匹配难度很大，自20世纪60年代以来半个世纪都没有取得突破。1995年，法国教授发现硼酸钙氧稀土盐(RECOB)是一类优良的非线性晶体，加入激活离子可实现激光自倍频。但由于其对称性低、定向复杂、应用困难，在主折射率面找到的最大有效非线性系数很小，故普遍认为其实用价值不高。

山东大学激光晶体团队突破传统思想，首次测定单斜GdCOB结晶学和晶体物理主轴间关系；理论和实验结合获得GdCOB全部6个非线性光学系数；运用对称性理论，确定晶体最大有效非线性系数(d_{eff})空间对称性及其空间分布，发现Nd:GdCOB这一类晶体的d_{eff}在非主平面方向，在这一方向上是法国教授所得到结果的2.8倍，而倍频效率又和其成平方关系，这样，它的实际应用效果扩大了近十倍，人们惊喜地发现原来认为不好用的晶体实际上可以用了(图3)！

(a)　　(b)

图3　(a)各种离子掺杂的GdCOB晶体；(b)Nd:GdCOB晶体

团队克服单斜晶体生长各向异性和熔体黏稠等困难，获得高质量Nd:GdCOB晶体，发展了晶体定向、加工和镀膜技术，获得实用化绿光自倍频芯片。解决了晶体产业化关键技术，发明了自倍频绿光模组，应用于绿光等中小功率系列专利产品，推向市场，如激光拒止武器、枪瞄器、建筑测量仪、人眼安全低功率绿光激光笔、舞台灯等，在国际上首次实现激光自倍频晶体的商品化应用，获得良好的经济和社会效益。Nd:GdCOB绿光激光模组性能稳定，高低温特性优越，抗冲击性能好，更具独到的抗冲击和宽温区适应特性，在新发展的拒止武器、枪瞄器等有重要应用，特别是用于反恐和维稳，目前已经开拓了各种新的应用场景。

在自倍频激光研究发现激光波长随着功率提高和晶体温度升高向长波长方向变化的现象，从其本质而言，就是由于多声子耦合效应造成的。山东大学团队从经典光子发射模型出发（图4(a)），发现可以通过电子-声子耦合强度来调控荧光卫星峰。以黄昆因子S说明电子-声子耦合强度，当参与声子数n等于S时达到最大，然后随着$n > S$迅速减少（图4(b)）。通过增强电子-声子耦合强度并增加参与声子数量来拓宽激光光谱，为在荧光谱外的“暗”区域获得新波长激光提供了一个理论可能性。

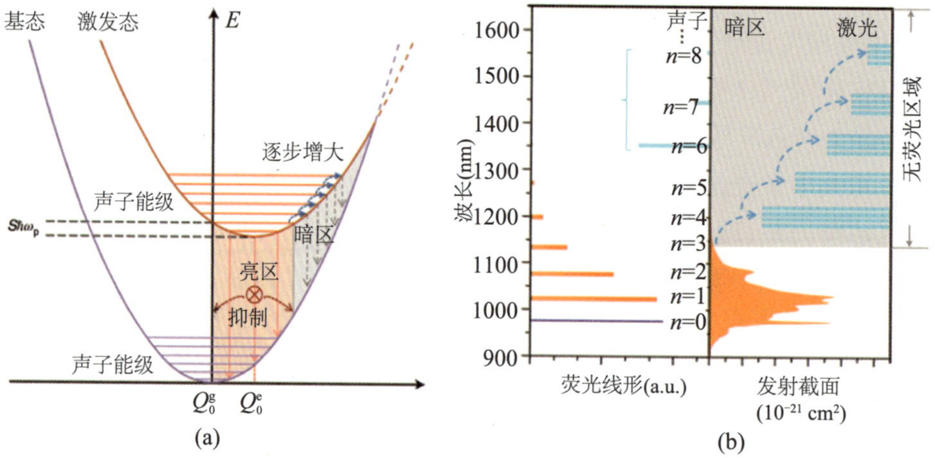

图4　多声子-电子耦合激光原理图

(a)荧光构型坐标模型。Q_0^g和Q_0^e分别代表基态和激发态平衡位置。水平实线表示声子态，垂直箭头表示电子跃迁。可以通过$S\hbar\omega_p$来评估电子-声子耦合强度。(b) 掺镱Yb晶体的荧光谱图（左）和发射截面图（右）。

根据同时考虑在“暗”区域放大的多声子数过程和抑制少声子数过程这两个条件，终于找到了掺镱的YCOB晶体实现这样的设计，跃迁粒子不断从晶体提取能量进入荧光光谱之外波段，在原来完全不可能出激光的“暗”区实现荧光谱外波长的激光发射，照亮了原来激光禁戒的“暗”区；除了在1020 nm处获得传统“荧光内”激光外，同时在1144和1254 nm处首次实现了“荧光谱外”激光，图5(a)中还可清楚地看到上图的红色激光、中图的黄色激光和下图的蓝绿色激光，是由于Yb:YCOB晶体自倍频性能所形成的。在这些激光中，除了510 nm的蓝绿色激光是传统的“荧光内”激光外，图中所展示的627 nm的红色激光和572 nm的黄色激光都属于原来没有的新波段激光，特别是572 nm的黄色激光呈现金色，特别亮眼绚丽。就是这样的金光，填补了原来的“黄光鸿沟”，在原来的“暗”区，升起了耀眼的明灯。

该研究成果以“多声子辅助突破荧光光谱的激光辐射(Multiphonon-assisted lasing beyond the fluorescence spectrum)”为题于2023年9月发表在《Nature Physics》(图6,论文链接:https://doi.org/10.1038/s41567-022-01748-z)。同期,意大利比萨大学Alessandra Toncelli教授以“Light in the darkness”(黑暗处的光芒)为题发表了评论文章。

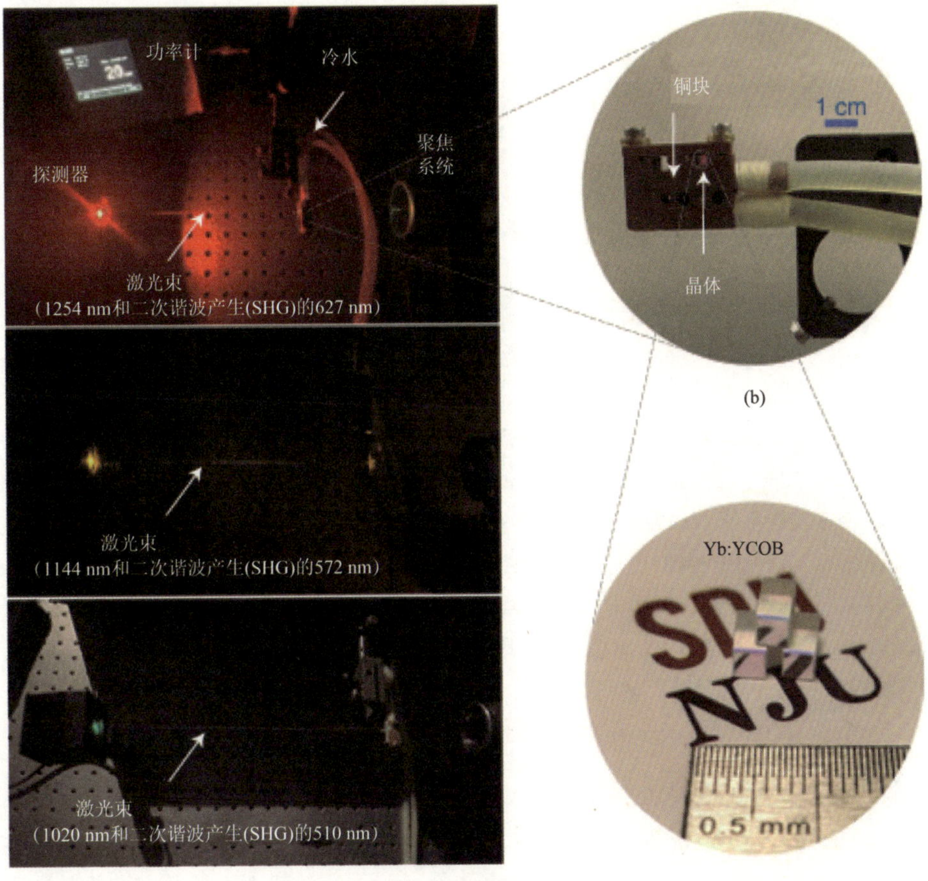

(a)　　　　(c)

图5　Yb:YCOB晶体及激光生成

(a) Yb:YCOB晶体产生的基频和二次谐波(SHG)激光:1254 nm的基频激光及627 nm的红色SHG激光(上),1144 nm的基频激光及572 nm的黄色SHG激光(中),1020 nm的基频激光及510 nm的绿色SHG激光(下)。(b) Yb:YCOB晶体与水冷铜块。(c) 镀膜的Yb:YCOB晶体(3 mm×3 mm×6 mm)。

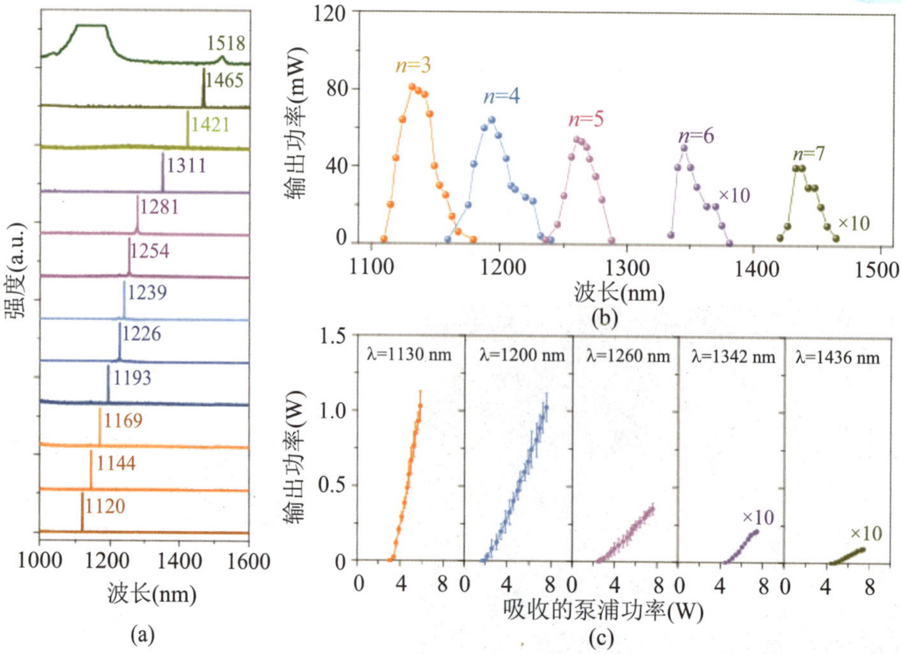

图6　超越荧光光谱的激光发射

(a) Yb:YCOB 晶体超越荧光光谱的激光发射光谱。(b) 分段可调激光发射波段为 1110～1180 nm、1160～1240 nm、1236～1288 nm、1335～1381 nm 和 1421～1465 nm。$n=6$ 和 $n=7$ 的输出功率放大了 10 倍以便于清晰显示。(c) 在 1130 nm（输出耦合镜透过率 $T_{oc}=1\%$，斜率效率 $\eta_{slope}=41\%$）、1200 nm（$T_{oc}=5\%$，$\eta_{slope}=21\%$）、1260 nm（$T_{oc}=0.1\%$，$\eta_{slope}=7.4\%$）、1342 nm（$T_{oc}=0.1\%$，$\eta_{slope}=0.7\%$）和 1436 nm（$T_{oc}=0.1\%$，$\eta_{slope}=0.3\%$）的激光性能。1342 nm 和 1436 nm 的输出功率放大了 10 倍以便于清晰显示。功率数据以平均值 ± 标准差表示。

研究进展和展望

电子-声子耦合反映了整个布里渊区声子频率色散 g(ω)，只要参与的声子具有适当的能量 E 和动量 k，就可能获得一系列与特定声子数 n 对应的可调激光器。在 Yb 晶体中，除了获得在荧光光谱内从 1018 到 1089 nm 的常规可调激光外，设计更换涂层和旋转 BF 镜，获得了在荧光光谱外的 1110～1180 nm、1160～1240 nm、1236～1288 nm、1335～1381 nm 和 1421～1465 nm 的分段可调激光，最长的激光波长为 1518 nm，其中既有传统“荧光内”激光，更可贵的是过去难以获得的“荧光外”稀有激光。该多声子耦合机制可以扩展其他掺有稀土或过渡金属如 Tm^{3+}、Ti^{3+} 和 Cr^{3+} 的激光晶体，证明多声子-电子耦合是普遍的物理效应。

此外，团队提出在灵活结构位点增强多声子耦合的方案，也推动了光学晶体的人工结构设计与安排。这一创新成果颠覆了激光发展 60 多年来荧光光谱决定可获得激光波长范围的传统思路，显示了可以通过直接扩展激光波长范围长期挑战，为具有高度可调性的按需产生激光及超短脉冲激光的生成和啁啾脉冲放大铺平了道路，成为倍频转换、光参量振荡、受激拉曼散射等非线性光学频率变换技术之外的一种激光波长拓展新手段，且此激光机理有望在新激光材料探索、高功率激光、集成非线性光学、量子纠缠光源等方面得到应用。

所获得的黄色激光在当前也有广泛的应用，在医学领域，577～595 nm激光用于治疗糖尿病视网膜病变和视网膜静脉阻塞，因血红蛋白高效吸收黄光，可精准封闭病变血管；在皮肤科，585～595 nm黄光用于治疗血管瘤、酒渣鼻和鲜红斑痣，选择性破坏血管而不损伤周围组织；黄光作为激活光敏剂的辅助光源，借助光动力疗法用于癌症或感染治疗。更重要的是在科研领域中有非常重要的应用，如589 nm钠导星激光激发大气层钠原子，形成人工星点，作为自适应光学导星校正天文望远镜成像畸变（欧洲南方天文台的VLT）；在原子物理中，用于操控钠原子（D2线589 nm）在冷原子实验或量子模拟中应用。在工业与显示技术中，黄光对某些材料（如铜或金）吸收率高，适用于微电子制造中的精细切割或焊接精密加工；黄色激光在低散射环境下（如实验室或工业检测）提供高可见性标记激光指示与准直。

当前，半导体领域正在开发直接发射黄光的GaN基或量子点激光器，目标是提升功率和稳定性，降低成本。而直接利用声子耦合发展的创新技术先于其获得了多种新的黄光光源，结合光子集成电路技术，实现集成化与小型化，推动便携式医疗设备或紧凑科研仪器的应用。同时，进军新兴应用领域，在量子技术中，黄光可能用于特定原子（如钠）的量子纠缠或离子阱操控，扩展量子计算与通信的可能性；用于生物成像的，可以结合多光子显微技术，黄光或能提升深层组织成像分辨率，用于神经科学或癌症研究；在环境监测中，利用黄光拉曼光谱检测大气污染物或海洋微塑料，实现高灵敏度环境传感。

黄色激光凭借其独特波长，已成为多学科交叉的关键工具，克服技术挑战依赖于材料科学和光子学的协同创新。寻找“黑暗”中的“光”这一具有吸引力的原理，有望促进多领域耦合和扩展中的广泛应用，从而为满足不同应用对波长激光的需求，创造更加光明的前景。

结构化材料
——精巧构造带来的神奇特性

徐奕辰　高　阳　田　冲　李万崇　金　鹏　张劲松*

在科技飞速发展的今天，材料作为现代工业的基石，正不断推动着各个领域的创新与进步。在这琳琅满目的材料家族中，结构化材料崭露头角，成为材料科学领域的创新焦点。

简单来说，结构化材料是一类通过精心设计内部及表面微观或宏观结构，以获得特定优异性能的材料。与传统材料主要依赖于化学成分与组织来决定其性能不同，结构化材料的性能很大程度上取决于其独特的结构设计。这种结构设计可以在从纳米到宏观的多个尺度上进行，从而赋予材料一系列传统材料难以企及的卓越性能，如超高强度与轻量化的完美结合、出色的能量吸收能力、独特的光学和声学特性，以及对环境刺激的智能响应等。

想象一下，有一种材料，它像羽毛一样轻盈，却能承受巨大的压力，不会轻易变形或损坏；又或者有一种材料，能够根据外界温度、湿度或电场的变化，自动调整自身的性能，以适应不同的工作环境。这些看似只存在于科幻作品中的神奇材料，正是结构化材料研究的目标和方向。在航空航天领域，轻量化且高强度的结构化材料可以显著减轻飞行器的重量，提高燃油效率，增加航程；在冶金化工领域，具有奇特连通空洞的高温陶瓷材料可以把气体火焰锁在材料内部，让热量辐射出去从而高效加热物料，大幅提高能源使用效率；在汽车制造中，它们有助于降

* 徐奕辰，辽宁材料实验室结构化材料技术研究副研究员。
高阳，辽宁材料实验室结构化材料技术研究所正高级工程师。
田冲，辽宁材料实验室结构化材料技术研究所高级工程师。
李万崇，辽宁材料实验室结构化材料技术研究所副研究员。
金鹏，辽宁材料实验室结构化材料技术研究所副研究员。
张劲松，辽宁材料实验室结构化材料技术研究所研究员。

低车身质量，提升燃油经济性，同时增强车辆的安全性能；在生物医学领域，结构化材料能够模拟人体组织的结构和性能，为组织工程和再生医学提供理想的支架材料，促进受损组织的修复和再生。

随着科技的不断进步，结构化材料的研究和应用正以前所未有的速度发展。从最初的理论探索和实验室研究，到如今逐渐走向产业化和实际应用，结构化材料正在深刻地改变着世界和我们的生活。

结构化材料的前世今生

结构化材料的发展贯穿了人类文明进步历程，从最初无意识的应用，到如今成为多学科交叉融合的前沿领域，凝聚着人类的智慧与创新精神。

在古代，人类虽不具备现代意义上的材料科学知识，但已开始在实践中利用结构化材料的原理。例如，古老的竹编工艺，工匠们将竹子巧妙地编织成各种形状和结构，用于制作生活用品和建筑构件。竹编结构不仅利用了竹子本身的高强度和柔韧性，还通过合理的编织方式，使竹制品具有良好的稳定性和承载能力。这种通过巧妙设计结构来增强材料性能的方法，正是结构化材料的雏形。

参观过故宫等古建筑的朋友都会被支撑宫殿屋顶的构造奇特的榫卯结构（斗拱）所惊艳到，它堪称结构化材料应用的经典例子（图1）。榫卯是将木构件采用凹凸部位相结合的一种连接方式，凸出部分叫榫（或榫头），凹进部分叫卯（或榫眼、榫槽）。该结构无须钉子，通过巧妙的构思就能使建筑构件紧密连接，形成稳固的框架整体。它不仅体现了古代工匠对材料力学的深刻理解，也展示了结构化材料在实际应用中的卓越性能。榫卯结构的建筑能承受地震等自然灾害冲击，通过结构变形和调整来吸收与分散能量，保护建筑主体结构的安全。

图1　中国古建筑的榫卯结构

随着人类对材料的认识和控制能力不断提高，结构化材料的发展也逐渐从经验积累走向科学研究。19世纪工业革命的爆发，为材料科学的发展提供了强大的动力和技术支持。

直到20世纪初，航空工业兴起，人们从蜂窝精巧的结构中得到启发，研制出轻质、高强度和刚度的材料，并尝试将这种类似蜂窝的结构应用于飞机机翼等部件，以减轻飞机质量，提高飞行性能。从20世纪30年代起，人们受海绵等天然多孔结构的启发，研制出青铜、镍、铁等金属多孔材料，并用于空气、燃料、润滑油等的过滤。到20世纪60年代，人们采用粉末冶金工艺制造出不锈钢、钛合金多孔材料，以及纤维增强多孔材料、多孔动密封材料和泡沫金属等，并在电子、化工等领域得到了应用。后来还出现了多孔硅、多孔碳、多孔聚吡咯烷等高分子和陶瓷基多孔新材料，在电池电极、储氢材料、污染物吸附、空气和水的净化、组织工程支架、药物缓释以及航天器隔热、吸能上得到了广泛应用。

进入21世纪，随着纳米技术、增材制造(3D打印)，特别是人工智能(AI)等先进技术的发展，为结构化材料提供了新机遇。人们在纳米尺度上对材料的结构进行精确控制，制出具有特殊性能的纳米结构化材料，AI赋能的3D打印技术为结构化材料的制备提供了前所未有的自由度，实现了复杂结构的快速制造，为定制化、个性化材料设计和应用开辟了新途径。

来自大自然的启示——仿生结构化材料

大自然是一位神奇的设计师，历经数十亿年的进化，创造出了无数结构精妙、性能卓越的生物材料。它们不仅为生物的生存和繁衍提供了保障，也为人类研发新型结构化材料提供了灵感源泉。从微观的细胞结构到宏观的生物体外形，自然界中的每一个角落都蕴含着结构与功能完美结合的奥秘。

1. 海绵

它拥有令人惊叹的微观结构，简直是大自然鬼斧神工的结构化材料的杰作(图2(a))。其内部是错综复杂的多孔网络，这些孔隙大小不一、形状各异，相互连通，就像一座四通八达的微型迷宫。有的孔隙大到肉眼可见，有的却小到只有在显微镜下才能一探究竟。这种独特的结构，为仿生材料带来了无限可能。丰富的孔隙结构形成大量毛细管，通过毛细作用，可快速吸收并储存大量水分，仿生海绵材料能轻松吸收自身重量数倍的液体，用于制作高效吸水的抹布、医疗用的伤口敷料。海绵对液体中杂质、微小颗粒等也有一定吸附能力，可用于过滤和净化液体。海绵的多孔结构具有出色的柔韧性和弹性，在外力作用下可变形，当外力消失后能迅速恢复原状，适应各种不同的形状和表面。其多孔结构还能阻碍声音和热量传播，具有隔音和隔热效果。将海绵安装在会议室、录音棚等场所，能让空间更安静。而且，其多孔结构还能吸收冲击能量，用于制造汽车、航空航天的缓冲部件，能在关键时刻保护设备和人员安全。一块小小的海绵，凭借独特结构，为人类材料创新铺就了新道路。

2. 蜂窝

在大自然中，蜂窝堪称微观世界的奇迹。凑近观察蜂巢，你会看到一个个紧密排列的六边形巢室，它们大小一致，整整齐齐，就像被精心规划过一样(图2(b))。每个六边形都与周围的巢室无缝对接，相邻巢室仅靠薄薄的蜂蜡壁相隔，形成了一个坚固而有序的整体。这种精巧的结构给仿生材料带来了诸多灵感。仿生蜂窝材料以轻质结构实现了高强度和高刚度。当受到外力时，力会均匀分散到各个巢室壁，避免应力集中，大大提高了材料的承载能力。在航空航天领域，飞机采用这种材料，能减轻机身质量，让飞行更高效。而且，它的能量吸收能力也十分出色——当受到冲击时，蜂窝结构会通过变形吸收能量；汽车的吸能部件用上它，能在碰撞时保护车内人员安全。小小的蜂窝，蕴含着大大的智慧，持续启发着人类的创新。

(a)　　　　　　(b)

图2　(a)海绵；(b)蜂窝结构

(由豆包AI绘制)

3. 蝴蝶翅膀

蝴蝶翅膀是由鳞片上的微纳米结构组成，这些结构具有周期性排列的特点，这就是所谓的光子晶体(图3)。当光线照射到翅膀上时，会在这些微结构中发生反射、折射和干涉等现象。不同波长的光在特定的结构中满足不同的干涉条件，有的波长的光相互增强，有的则相互抵消，从而使得特定波长的光被选择性地反射出来，形成我们所看到的各种颜色。这些颜色不是由色素产生，而是由结构本身对光的调控产生，因此被称为结构色。蝴蝶翅膀的光子晶体结构会对入射光产生布拉格衍射。当光的波长与光子晶体的晶格常数满足一定的布拉格条件时，光就会在特定方向上发生强烈衍射，产生特定颜色的光。比如蓝色大闪蝶，其翅膀光子晶体结构能对蓝光满足布拉格衍射条件，从而呈现出绚丽的蓝色。

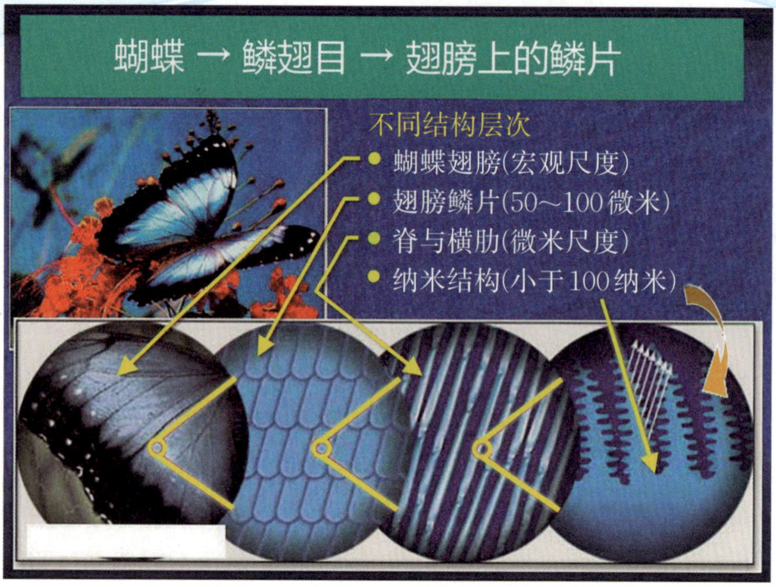

图3　蝴蝶翅膀奇特的结构

底部4张插图分别展示了蝴蝶翅膀在显微镜下逐渐放大后的形态。自左至右分别为:厘米尺度、亚毫米尺度、微米尺度、亚微米尺度。

(图片来源:http://www.nanotechnology.hu/online/2002_butterfly/index.html)

科学家研究蝴蝶翅膀后,做出了各种各样的光子晶体,它们的用处可大啦!光子晶体光纤和光集成器件,能让网络信号传播又快又多,上网看视频再也不怕卡顿了。把它们用在太阳能电池上,能让太阳能转化成电能的效率大增。把它们用在LED灯里,灯就会变得更亮更省电。它们还能做成生物传感器,帮医生早早发现疾病,辅助光动力治疗,让治病更有效。用它们还能做出成本低的激光器和高分辨率的超棱镜。用了它们还能让屏幕显示更清晰,甚至还有可能用在隐身技术上,说不定以后真能像电影里哈利波特一样拥有一件隐身斗篷呢!

神奇的结构,卓越的性能

1. 独特的微观结构

结构化材料的微观结构是其展现卓越性能的关键所在,这些微观结构犹如材料内部的精密“蓝图”,独特的孔隙结构,使材料展现出非凡的性能。从孔隙大小来看,可分为微孔(孔径小于2纳米)、介孔(2~50纳米)和大孔(大于50纳米)。微孔材料有巨大的比表面积,像活性炭,能高效吸附杂质;介孔材料则利于中等大小分子的传输与存储,在药物缓释系统中发挥关键作用;大孔材料方便物质扩散,常用于组织工程支架,为细胞生长提供空间。

在形状上,人工设计出了五花八门的结构。除了常见的圆形、多边形,还有仿蜂巢的六边形，这类规则形状能均匀分散应力，提升材料强度。更有一些不规则形状，比如蜿蜒曲折的通道状，能增加物质在材料内部的传输路径，增强材料的吸附或反应效果。

在孔隙分布方面，有均匀分布的，使材料性能稳定均一；也有梯度分布的，可满足材料在不同部位的不同性能需求，比如在航空航天材料中，通过梯度孔隙设计，实现轻量化与高强度的完美结合。

2. 出色的力学性能

在力学性能方面，结构化材料展现出了令人瞩目的优势，与传统材料相比，实现了令人惊喜的突破。比如，新型的仿生结构化材料，通过模仿自然界中生物材料的结构和性能，也展现出了卓越的力学性能。

人们将类似蜂窝的结构应用于飞机机翼等部件，不仅减轻了飞机质量，而且提高了飞行性能。20世纪中叶，科学家建立了蜂窝结构的理论模型，制造出金属蜂窝材料，该材料开始在航空航天领域得到广泛应用。20世纪末到21世纪初，随着高分子材料、陶瓷材料等的发展，蜂窝结构仿生材料的种类不断丰富，出现了高分子蜂窝材料、陶瓷蜂窝材料等。它们不仅在航空航天领域继续发展，还逐渐拓展到汽车、建筑、电子等多个领域。近年来，人们开发出具有更优异性能的纳米复合蜂窝材料，同时致力于开发具有自感知、自修复等智能功能的蜂窝结构仿生材料，以满足高端应用的需求。

在材料科学领域，材料裂纹致快速失稳断裂长期阻碍高强材料应用。新加坡国立大学合成的单层非晶碳（MAC）打破困境①，它虽与石墨烯同为二维单原子厚材料，但原子排列独特，兼具晶体与非晶区域，美国莱斯大学研究显示其韧性可达石墨烯的8倍，能阻止裂缝扩展。这一独特的结构化材料设计为二维材料增韧提供新思路，有望推动多领域变革。

3. 优异的热、电、声学性能

结构化材料在热学、电学、声学等方面也展现出了特殊的性能。在热学性能方面，一些结构化材料具有极低的热导率，可作为高效的隔热材料。例如，气凝胶是一种具有纳米多孔结构的材料，内部孔隙中充满空气，空气热导率低且纳米孔可抑制热辐射，因而气凝胶的热导率极低，是目前隔热性能极好的固体材料之一，可用于航空航天、建筑保温、工业隔热等领域。如在航天器中，它能有效阻挡高温环境对航天器内部设备的影响，确保其正常运行；在建筑领域，气凝胶保温材料能显著降低建筑物能耗，提高能源利用效率。

在电学性能方面，结构化材料也表现不俗。例如，一些具有周期性结构的材

---

① https://bionic.jlu.edu.cn/info/1026/1597.htm.

料，如光子晶体和超材料，能对电磁波精确调控，实现特殊的电学性能。光子晶体是一种由不同折射率的材料周期性排列而成的结构，它能够禁止特定频率的光在其中传播，形成光子带隙。利用这一特性，可制造高性能光电器件，如光子晶体光纤和激光器等，这些器件在光通信、光计算等领域十分有用。超材料则是一种人工设计的材料，通过对其微观结构的精心设计，可实现自然界中材料所不具备的电磁特性，如负折射率、完美吸收等，在隐身技术、天线设计、电磁屏蔽等领域有巨大应用潜力。例如，基于超材料的隐身斗篷可使物体在特定频率的电磁波下实现隐身，为军事和安全领域带来了新突破。

在声学性能方面，结构化材料优势独特。一些有特殊结构的材料，如声子晶体和声学超材料，能对声波有效控制和操纵。声子晶体是一种与光子晶体类似有周期性结构的材料，它能禁止特定频率的声波在其中传播，形成声子带隙。利用这一特性，可制造出高性能隔音材料、声学滤波器等，用于建筑隔音、声学仪器等。声学超材料则通过设计材料的微观结构，实现对声波的超常调控，如声波的聚焦、弯曲、隐身等，在医疗超声、无损检测、噪声控制等领域应用前景广阔，例如，制成的超声聚焦探头可提高超声成像的分辨率和诊断准确性，为医学诊断提供更有力的工具。

广泛应用：改变生活的方方面面

1．航空航天领域

在航空航天领域，结构化材料是实现飞行器高性能、轻量化的关键(图4)。随着航空航天技术的不断发展，对飞行器的性能要求越来越高，需要材料在保证高强度和高刚度的同时，尽可能减轻质量，以提高飞行器的能源效率、航程和载荷能力。

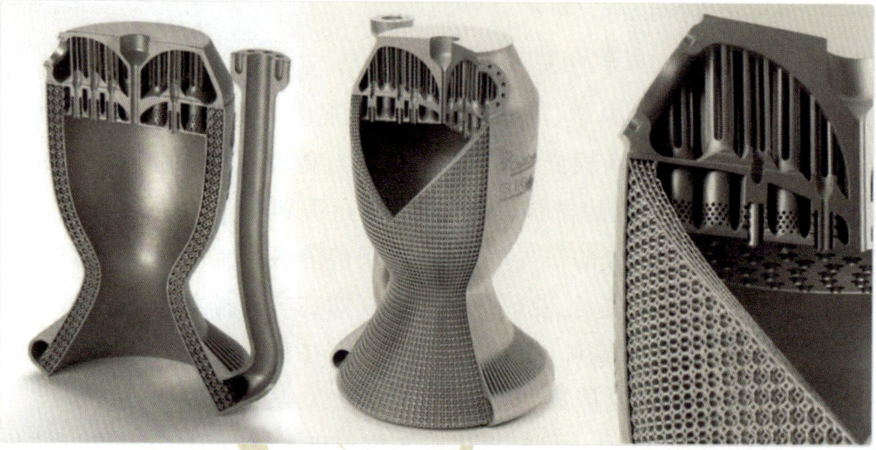

图4　晶格结构填充壁面的设计用于单件式火箭推进发动机

比如，卫星在太空中需要承受各种复杂的力学环境和空间辐射的考验，因此对结构件的性能要求极高。采用结构化材料制造卫星结构件，可以在显著减轻质量的同时，提高结构件的强度和刚度，确保卫星在恶劣的太空环境中稳定运行。例如，美国洛克达因公司为NASA的阿尔忒弥斯计划太空任务设计并制造了一款“四重”反应控制系统，包括四个单独的推进器，能够控制航天器在飞行过程中的滚动、俯仰和偏航。该部件最初是为阿波罗任务创建，已有约60年历史。项目团队采用晶格结构填充重新设计了这一部件，由此产生的大量的空隙，并增加了它的强度和刚度，同时减轻了质量。最终采用3D打印的钛合金制造了这一部件（图5），推进器成品在质量、尺寸、制造成本方面均大幅降低：与传统制造方法相比，质量仅有以前的1/5，尺寸减小了一半，制造成本也仅是此前的1/3；而且由于它包含的组件少得多，因此组装起来也更容易，在操作过程中发生故障的概率也更少。

图5　洛克达因设计出一种革命性的晶格结构反作用控制系统（RCS）四推力器

（图片引自：https://3dprintingindustry.com/news/aerojet-rocketdyne-optimizes-3d-printed-quad-thruster-for-low-cost-space-exploration-207426）

2. 机器人领域

在机器人领域，结构化仿生复合材料发挥着重要作用，使其能够更好地与人类协作，适应复杂多变的工作环境。这就需要材料既具有良好的力学性能，又能够模拟生物组织的特性，实现与人体的安全交互。

在人工肌肉方面，结构化仿生复合材料展现出了独特的优势。传统的机器人驱动方式主要依赖于电机、液压或气动系统。这些驱动方式存在体积大、重量重、响应速度慢等缺点，限制了机器人的灵活性和应用范围。而结构化仿生复合材料制成的人工肌肉，能够模仿生物肌肉的收缩和舒张特性，实现机器人的柔性驱动。例如，一些基于形状记忆合金和聚合物复合材料的人工肌肉，在受到温度或电场刺激时，能够发生可逆的形状变化，产生较大的收缩力和位移，从而驱动机器人的关节运动。这种人工肌肉能使机器人的动作更加灵活、自然，在医疗护理、康复辅助、救援等领域的应用前景可期。

仿生韧带也是结构化仿生复合材料的重要应用之一。在机器人的关节部位，仿生韧带可以起到连接和支撑的作用，同时还能够吸收和分散冲击力，保护关节免受损伤。仿生韧带通常采用具有高韧性和耐磨性的结构化复合材料制成，其结构和力学性能与天然韧带相似。例如，一种由碳纤维增强聚合物复合材料制成的仿生韧带，具有优异的拉伸强度和疲劳性能，能够在机器人的关节运动中承受较大的拉力和反复的弯曲变形，稳定而可靠。仿生韧带的应用，不仅可以提高关节的运动性能和延长寿命，还能增强机器人在复杂环境下的适应性和可靠性。

感知界面(仿生皮肤)是机器人实现与人类自然交互的关键部件，结构化仿生复合材料为仿生皮肤的发展提供了有力支撑。仿生皮肤需具备良好的柔韧性、触觉感知能力和生物相容性，能够实时感知外界的压力、温度、湿度等信息，并将这些信息传递给机器人的控制系统，使机器人能够做出相应的反应。科学家将碳纳米管、石墨烯等纳米材料与柔性聚合物复合，制成的仿生皮肤能够实现对微小压力的精确感知，其灵敏度可达到甚至超过人类皮肤的感知水平。此外，在仿生皮肤中集成温度、湿度等多种传感器，可实现对环境的全面感知，使机器人能适应不同的工作环境，在人机协作、智能家居、医疗康复等领域有广阔应用前景。

3. 工业低碳节能领域

在冶金、建材、化工等领域，加热、烘烤、干燥等工艺过程需要消耗大量的能源，同时产生大量的污染物排放。传统的燃烧方式存在燃烧效率低、能源浪费严重、氮氧化物排放高等问题。在上述领域中，多孔介质燃烧用结构化介质材料为实现工业领域的节能减排和可持续发展提供了有力支持。

多孔介质燃烧用结构化介质材料，如多孔碳化硅介质(包括泡沫碳化硅、3D打印规则结构多孔碳化硅等)，具有独特的结构和性能，在新一代气体燃烧装备中展现出卓越的优势，成为推动工业低碳节能技术发展的重要力量(图6(a))。

图6　(a)3D打印多孔碳化硅结构化材料；(b)碳化硅结构化材料制造的加热体发热效果

采用多孔碳化硅介质的新一代气体燃烧装备，通过超焓无焰燃烧技术，实现了燃烧过程的优化和能源利用效率的大幅提升。超焓无焰燃烧是一种新型的燃烧方式，它利用多孔介质的高比表面积和良好的热传导性能，使燃料和空气在多孔介质中充分混合并均匀分布，实现了无焰、低氧、高效的燃烧过程(图6(b))。在这种燃烧方式下，燃烧温度更加均匀，避免了局部高温热点的产生，从而有效抑制了氮氧化物的生成，降低了污染物的排放。同时，由于多孔介质能储存和释放热量，使燃烧过程更加稳定，提高了能源利用效率，实现了节能减排。

在钢铁冶金行业的加热炉中，采用泡沫碳化硅介质作为燃烧器的关键部件，与传统的燃烧器相比，能够使燃料消耗降低15%～20%，氮氧化物排放降低50%以上。在建材行业的陶瓷窑炉中，使用3D打印规则结构多孔碳化硅材料，优化了燃烧空间和气流分布，提高了窑炉的热效率，减少了燃料消耗和废气排放。在化工行业的干燥设备中，多孔碳化硅材料的应用，使干燥过程更加高效、节能，同时降低了设备的运行成本和维护难度。

结构化设计是获得更小、更高效的热交换器的重要途径。GE公司设计了一种复杂的晶格结构热交换器(图7)，并用金属3D打印技术进行制造，用于优化900 ℃二氧化碳的流动，实现了卓越的换热性能。GE在这项设计中采用了仿生学方法，模仿人类肺部的特性以促进有效的热交换。

图7　GE Additive的晶格结构设计的散热器

(图片来源:GE Additive)

在冶金领域，多孔陶瓷也被广泛应用于金属熔体的过滤。传统生产中采用泡沫陶瓷(碳化硅、氧化铝、氧化锆等)作为过滤器。ASK化学公司推出了EXACTPORE 3D烧结陶瓷泡沫熔融金属过滤器系列产品(图8)，为钢铁以及熔模铸造厂提供新的、更有效的过滤选项。该产品的流量显著高于具有相同过滤孔径的烧结陶瓷泡沫过滤器，孔径设计的均匀性和结构完整性也显著降低了湍流，并显著阻止由于卷入空气引起的金属液再氧化。

图8　ASK化学公司的EXACTPORE 3D 烧结陶瓷泡沫熔融金属过滤器

（图片来源：https://www.ask-chemicals.com/foundry/filters/exactpore-3d-filters）

4. 建筑与土木工程领域

在建筑材料方面，结构化材料的应用有助于实现节能环保的目标。例如，前文介绍的气凝胶应用于建筑外墙、屋顶等部位，可以显著降低建筑物的能耗，提高室内舒适度。与传统的保温材料相比，气凝胶保温效果可提高 2～3 倍，同时具有重量轻、防火、防潮等优点。

辐射制冷作为一种极具潜力的被动制冷技术日益受到关注。结构化材料在其中扮演着关键角色，为实现高效的辐射制冷效果提供了创新途径。其独特的结构设计能够精准调控材料与周围环境能量交换过程，已针对建筑、农业、电子设备散热以及日常生活领域开展了应用研究。

以建筑领域为例，香港理工大学开发的以“碳量子点”驱动的光致发光辐射制冷纳米涂层，能依据太阳辐射量自动调节制冷量。将其覆盖在建筑物外墙及天台，可助力建筑物自我调节热环境，降低室内温度。与传统辐射制冷涂层相比，新型涂层将日间有效太阳能反射率从 92.5% 提升至 95%，冷却效果高出 10%～20%，最高可降温 25 ℃。在城市应用，每平方米涂层每年预计可节省约 97 至 136 度电。

又如香港城市大学研发的“制冷瓷砖”，内部具有阶层式多孔结构，采用氧化铝等无机材料烧结制成(图9)。其模拟甲壳虫白金龟的生物白色，实现近乎完美的 99.6% 阳光反射率及 96.5% 的高中红外线热能散射率。在屋顶铺设制冷瓷砖可节省 20% 以上的电能。

图9　白色制冷陶瓷及有色制冷陶瓷

（图片来源：https://mp.weixin.qq.com/s?__biz=MzUyODQ4NzI1NA==&mid=2247521724&idx=1&sn=eba9a0706df13b280a3cdc30f945fe8f&chksm=fa6d5385cd1ada93d68c6da3addc3c68244e763944 3add7560191241feb6a49201d68c06a076&scene=27）

在农业领域，中国科学技术大学研制的基于聚合物多层干涉原理的光谱选择性辐射冷却膜，由两种不同的聚合物多层膜系和一种透明聚合物辐射制冷材料组成，可选择性透过农作物生长光合作用所需波段的光，而将植物叶片利用率低的绿光和近红外光反射出去，且具备优异辐射制冷性能。户外测试显示，相比传统农膜，使用该膜覆盖后，空气温度下降2.3～5.0 ℃，土壤表面下3厘米处温度下降2.1～4.1 ℃，土壤水分蒸发量下降11.2%～32.4%。在该膜下生长的落葵、意大利生菜和中国小青菜产量提升了1～3倍。

在电子设备散热领域，上海交通大学研制的基于二维高导热散射体以及反蛋黄壳结构散射体两种辐射制冷材料，实地测试表明其可显著增强电力设备散热，可有效防止户外电力设备过热导致的运行不稳问题，降低设备故障发生率。

此外，四川大学研制了基于芳纶纳米纤维树枝状胶体和云母/二氧化钛核壳散射体的层状薄膜，具有超过100 MPa的力学强度，太阳光反射率大于90%。实际户外制冷测试中，日间可降温3～4 ℃，夜晚降温6～7 ℃，还集成了绝缘、紫外耐候、耐高温、耐刮擦等性能，有望应用于车衣、手机、电缆热管理防护等领域。

5. 生物与医学领域

在生物领域，结构化材料为再生医学和组织工程的发展带来了新的契机。通过修复或替换受损的组织和器官，能够恢复其功能。结构化材料因其独特的结构和性能，能够模拟人体组织的微环境，为细胞的生长、增殖和分化提供理想的支架，促进组织的修复和再生。

在再生医学领域，结构化材料被广泛应用于骨修复、软骨修复、皮肤修复等领域。用于骨修复的结构化材料通常具有多孔结构，这些孔隙可以为骨细胞的生长和黏附提供空间，同时促进营养物质的传输和代谢产物的排出。科学家开发了基于纳米羟基磷灰石/胶原蛋白的结构化复合材料，不仅具有与天然骨相似的化学成分和微观结构，还具有良好的生物相容性和生物活性，能够有效促进骨组织的再生和修复，治疗效果良好(图10)。

图10　大洲医学研发生产的3D打印仿骨结构钽金属骨填充重建棒
(图片来源:http://www.dazhoumedical.com/jxzrqx/5.html)

6.其他领域应用

在汽车制造领域，结构化材料的应用对于实现汽车的轻量化和高性能至关重要。随着环保和节能要求的日益严格，汽车制造商不断寻求更轻质、高强度的材料来降低车身质量，提高燃油经济性。一些具有特殊结构的材料，如泡沫金属、蜂窝结构材料等，被用于汽车的隔音、隔热和缓冲部件，提高了汽车的舒适性和安全性。

在体育用品领域，结构化材料的应用为运动员提供了更优异的装备性能，助力创造更好的成绩。例如，采用透气、耐磨的结构化材料制作的鞋面，则能提高鞋子的舒适性和耐用性；具有复杂晶格设计的头盔(图11)，可以在多个方向重新定向和更好地分配能量以吸收冲击力。

图11　3D打印曲棍球头盔内饰CCM SuperTacks X
采用Carbon 3D的NEST Tech晶格取代传统的通用泡沫衬垫以增强保护。
(图片来源:Carbon 3D)

在电子设备领域，结构化材料的应用推动了设备的小型化、轻量化和高性能化发展。一些具有特殊光学性能的结构化材料，如光子晶体、超材料等，也被应用于光通信器件和光学传感器中，实现了对光信号的高效调控和检测，提高了光通信系统的性能和可靠性。

挑战与展望：未来之路

1．面临的挑战

首先，制备成本高昂是限制结构化材料大规模应用的重要因素之一。许多结构化材料的制备过程涉及复杂的工艺和昂贵的设备，如纳米结构化材料的制备需要高精度的纳米加工技术，3D 打印制备复杂结构材料时，材料和设备成本也相对较高，在一些对成本敏感的领域应用受到限制。

其次，大规模生产技术的不完善也是一个亟待解决的问题。虽然一些结构化材料在实验室中展现出了优异的性能，但从实验室规模到工业化大规模生产，还存在许多技术难题需要攻克。例如，在制备具有复杂三维结构的材料时，如何保证结构的一致性和稳定性，如何提高生产效率，都是需要解决的关键问题。目前，一些新型结构化材料的生产工艺还不够成熟，难以满足大规模生产的需求，导致产品的产量低、价格高，无法满足市场的大规模需求。

此外，性能优化与综合性能平衡也是结构化材料面临的挑战之一。在追求材料某一性能提升的同时，往往会对其他性能产生负面影响。例如，提高材料的强度可能会降低其韧性，增强材料的导电性可能会影响其耐腐蚀性。如何在不同性能之间找到最佳的平衡点，实现材料综合性能的优化，是材料科学家们需要深入研究的课题。同时，材料在实际应用环境中的长期稳定性和可靠性也需要进一步研究和验证，以确保其在复杂工况下能够持续稳定地发挥性能。

2．发展趋势与展望

多学科融合将成为推动结构化材料发展的重要动力。材料科学与物理学、化学、生物学、力学、计算机科学等学科的交叉融合，将为结构化材料的设计、制备和性能优化提供新的思路和方法。例如，通过计算机模拟和人工智能技术，可以快速设计出具有特定性能的结构化材料模型，预测材料的性能，指导实验制备，大大缩短材料研发周期。生物学与材料科学的融合，将进一步推动仿生结构化材料的发展，从自然界中汲取更多的灵感，开发出性能更加优异的仿生材料。

在性能突破方面，科学家们将不断探索新的结构设计和材料体系，以实现结构化材料性能的飞跃。例如，研发具有更高强度重量比的材料，使其在减轻质量的同时，能够承受更大的载荷；开发具有智能响应特性的材料，使其能够根据外界环境的变化自动调整性能,实现自适应控制;探索新型的能量转换和存储材料,提高能源利用效率,满足能源领域对高效储能和转换材料的需求。

拓展新应用也是结构化材料未来发展的重要方向。随着对结构化材料性能和特点的深入了解,其应用领域将不断扩大。除了在航空航天、汽车制造、生物医学等传统领域的深化发展外,结构化材料还将在新能源、环境保护、电子信息、智能家居等新兴领域发挥重要作用。例如,结构化材料可用于制造高效的太阳能电池、燃料电池和储能设备,提高能源转换和存储效率;结构化材料可用于开发新型的吸附材料、催化材料和过滤材料,用于处理废水、废气和固体废弃物,实现环境的净化和资源的回收利用;结构化材料可用于制造高性能的电子器件、传感器和通信设备,推动电子信息技术的发展。

总之,结构化材料作为材料科学领域的前沿方向,具有巨大的发展潜力和广阔的应用前景。尽管在发展过程中面临着诸多挑战,但随着科技的不断进步和创新,这些挑战将逐步被克服。未来,结构化材料将在多学科融合的推动下,实现性能的不断突破和应用领域的持续拓展,为人类社会的发展和进步做出更大的贡献。

结语:探索无限可能

结构化材料的发展体现了人类对材料性能极限的不断挑战和突破,从古代的竹编、榫卯结构,到现代的纳米结构化材料、多链连接结构化材料(polycatenated architected materials, PAMs)[1]、多层次交织的微结构化材料(hierarchical intertwined microarchitected materials)[2]等,每一次的创新都凝聚着人类的智慧和勇气。这些创新不仅推动了材料科学的进步,也为其他领域的技术发展提供了坚实的基础。

结构化材料,这颗材料科学领域的璀璨新星,正以其独特的结构设计和卓越的性能,为人类社会的发展带来前所未有的变革。从航空航天领域的轻量化革命,到生物医学领域的组织修复与再生;从机器人领域的人机共融,到工业低碳节能领域的节能减排,结构化材料的应用无处不在,深刻地改变着我们的生活和世界。让我们共同期待结构化材料在未来能够绽放出更加绚烂的光彩,为人类社会的进步和发展创造更加美好的明天。

参考文献

[1] Zhou W J, Nadarajah S, Li L C, et al. 3D Polycatenated Architected Materials[J].Science, 2025, 387(6731):269-277.

[2] Moestopo W P, Shaker S, Deng W, et al. Knots are not for Naught: Design, Properties, and Topology of Hierarchical Intertwined Microarchitected Materials[J]. Science Advances, 2023, 9(10): DOI: 10.1126/sciadv.ade6725.

激光与难加工材料的较量
——从微观到宏观的制造革命

张文武　唐　清　王　吉*

在材料科学领域，有四种“明星材料”——单晶金刚石、单晶高温合金、碳纤维增强树脂基复合材料（CFRP）、陶瓷基复合材料（CMC）——被称为难加工材料中的“四大天王”。这使得传统的机械加工技术包括钻削、镗削、铰削等，以及电火花加工等都面临棘手的情况。于是，激光技术闪亮登场了，向“四大天王”发起了挑战！

挑战金刚石

第一位登场的应战者便是久负盛名的金刚石。天然金刚石形成于火山那样的极端高温高压环境，人造金刚石的制造过程也极为缓慢。其硬度达到了世界最高的10级，是硬度的标定基准，玻璃、石头乃至钢刀的硬度在它面前都不值一提。金刚石不仅硬度超凡，还具有超强的化学稳定性，酸、碱、海水乃至能溶解诸多材料的王水，都无法对它造成丝毫损伤。此外，它的导热性极佳，比铜还要强3倍以上，是绝佳的散热材料。在工业应用中，含金刚石的砂轮切割玉石、单晶金刚石刀头车削金属，都能达到极为出色的加工效果。

然而，金刚石也并非无懈可击。它惧怕高温，在大火中会化为二氧化碳；同时，它也怕铸铁，常被铸铁盘抛磨。由于自身硬度极高，常规机械加工方法难以对其进行精密加工，不仅容易造成金刚石的碎裂、开裂，更难以实现精细雕刻。但激光的出现，打破了这一困境。

* 张文武，中国科学院宁波材料技术与工程研究所研究员。
唐清，辽宁材料实验室研究员。
王吉，中国科学院宁波材料技术与工程研究所副研究员。

激光是由激光器产生的一种性质极为特殊的光(图1),自1960年发明以来,几乎无所不能,被誉为“神光”,具备切割、雕刻、焊接、生长、强化材料等多种功能。它传播方向高度平行,波长超纯,单脉冲持续时间(脉宽)精确可调,峰值功率超强。[1]

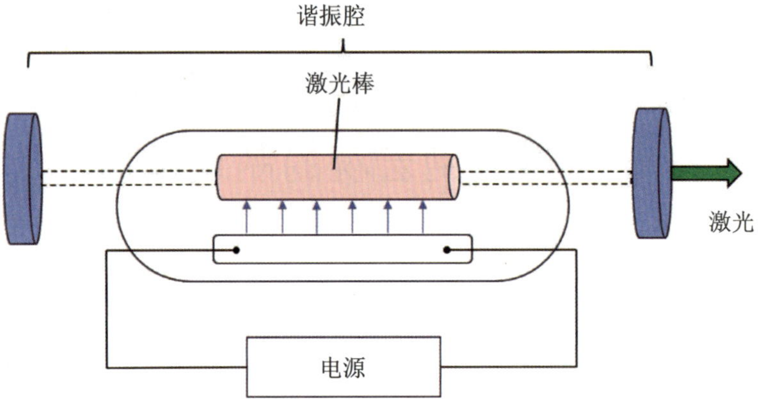

图1　典型固体激光器的原理结构

激光最神奇之处在于,可以以普通的电力发出超强的光。例如,一台单脉冲能量仅10焦耳的激光器(1米高的儿童从地面把一大瓶矿泉水举到头顶所消耗的能量都比10焦耳高),激光器可以在10纳秒(1纳秒$=10^{-9}$秒)内发出这么多能量,两者相除就是峰值功率,居然高达1000兆瓦！要知道,让和谐号高铁飞驰的动力达到9.6兆瓦,却不足这台激光器峰值功率的百分之一！当这样的能量聚焦到3毫米直径,打到不锈钢表面时,能发出巨响,无须锤子就能使不锈钢表面产生凹痕,并增强其硬度和耐腐蚀性。

由于激光可以非常平行地传播,从地球打到月球上其光斑仍然不会发散太多,人类在1969年用地球上的激光和千辛万苦送到月球上的反射镜,首次直接而准确地测出了地球到月球之间距离。[2]在夜晚的高速路上,有的路段会亮起激光(图2),提醒开车的人专心驾驶。

面对金刚石的“自恃强大”,激光自信宣战,声称能将最纯的单晶金刚石精密加工成各种形状。

在这场激光—金刚石之战中,激光首先用低强度光束进行瞄准,随后以比头发丝还细的光斑、100%的能量发射,它的亮光比太阳还要亮100亿倍！绿色激光高速扫描单晶金刚石,瞬间化为炫目的白点,发出尖锐声音,所到之处冒出白烟。最终,单晶金刚石被成功加工出100个直径1毫米的圆洞,圆盘中还有发丝都难以穿过的小孔(图3)。这场激光与单晶金刚石的对决,以激光的完胜而告终！

图2　高速路上的激光光柱

（图片来源：https://www.163.com/dy/article/GTNNN4NG0514D92H.html）

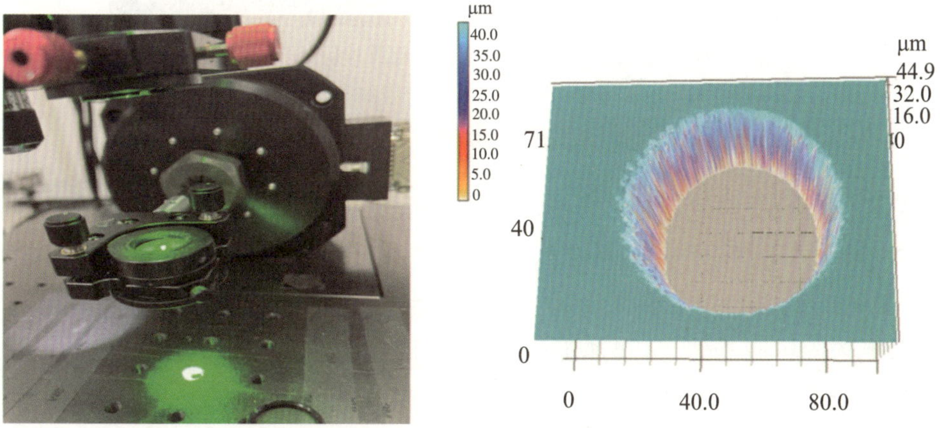

图3　激光加工单晶金刚石（左图），加工出的直径60微米孔洞放大图（右图）

单晶高温合金叶片的气膜孔加工成为可能

第二位出场的应战者是单晶高温合金。在航空发动机中，单晶高温合金叶片是关键部件，在特种涂层的保护下，能够耐受1500 ℃左右的高温，而进一步研发的单晶高温合金，更是需要在1800 ℃的极端环境下工作。为了保证叶片的正常工作，需要在其上打出气膜孔，通过喷出冷气来维持叶片的性能。这些气膜孔直径通常在0.5毫米左右，且需倾斜打孔，传统的金刚石钻头由于刀柄过细易折断，无法满足加工需求。激光技术提出可以打出0.25毫米直径的孔，但单晶高温合金则要求打孔深度达到6毫米，且全程不能有任何烧伤，否则局部过热导致的多晶转变会严重削弱叶片强度，甚至引发发动机烧毁。

面对这一挑战，激光祭出飞秒激光技术，飞秒激光器发出200飞秒（1飞秒$=10^{-15}$秒）宽的超短脉冲串，通过振镜聚焦后，飞速地使材料升华，停顿一瞬间，也就1微秒（10^{-6}秒）的时间后，下一个200飞秒的脉冲又来了。就这样，每个脉冲带走一点材料，一分钟之内，一个光滑的气膜孔就打好了（图4）！飞秒激光技术加工的工件热影响区极小，满足了单晶高温合金叶片的加工要求。

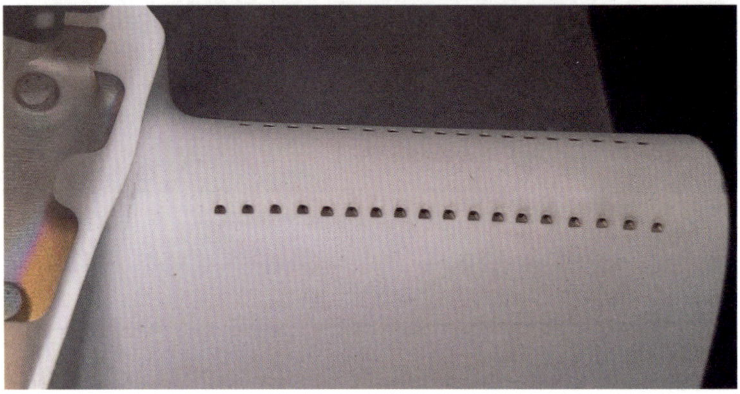

图4　激光加工后的单晶高温合金局部照片（孔洞放大照片）

碳纤维增强树脂基复合材料的加工迎刃而解

第三位出场的应战者是碳纤维增强树脂基复合材料（CFRP）。CFRP的基体是熔点在300℃以下的树脂，其中嵌入了拉伸强度高达3000兆帕（这个强度是建筑用钢筋的5倍以上）、熔点在3000℃以上的碳纤维。由于其独特的结构，激光加工时既要去除树脂基体，又要加工碳纤维，同时还不能过烧，加工难度极大，且加工过程中会产生难闻气味。机械加工虽然速度较快，但切削力过大，容易导致材料撕裂、切口出现毛刺，无法满足航空领域对材料抗震性能的严格要求。

面对这一难题时，激光创新性地引入了水导激光加工技术。通过将激光输入到直径100微米以下、长度超过100毫米的纯净水柱中，利用激光瞬间升华材料，水流冷却并带走残渣的原理，成功解决了CFRP加工中的烧伤、毛刺和气味问题。在实际应用中，水导激光加工系统先是喷射出流速300米每秒、直径不到0.1毫米的纯净水水柱，然后，脉冲激光的能量进入水柱，在遇到CFRP材料的地方吱吱冒着水雾，稳稳地切穿了2~20毫米厚的大板！水导激光加工系统在不到1小时内，将7米长的CFRP材料切割成精密的C919飞机大翅膀，断面整齐，无分层、毛刺，残渣被水流带走，气味经净化后可直接排放（图5）。

图5　激光加工后的碳纤维增强树脂基复合材料结构件照片(左图为圆孔结构,右图为蜂巢结构)

超脆硬的陶瓷基复合材料零件的加工信手拈来

最后,超脆硬的陶瓷基复合材料(CMC)登场应战。尽管CMC叶片体型较小,但它造价昂贵,性能卓越,具有质量轻、耐高温的特点,是未来高性能飞机的关键材料。由于其硬度高、脆性大,机械加工效率极低,严重阻碍了其大规模生产。激光凭借其高效、精密的加工能力,为CMC叶片进行切边、打孔、抛磨、开槽等一系列加工操作,加工时间比机械加工缩短了1倍以上,极大地提升了生产效率。

随着科技的不断进步,激光的功率持续提升,从十年前的10瓦到一年前的100瓦,再到未来预期的1000瓦甚至1万瓦,同时其能量控制也将更加精准。在材料加工的舞台上,激光作为"最快的刀,最利的剑",与难加工材料之间的较量仍在继续,不断推动着制造业向更高精度、更高效率的方向发展,引领着从微观到宏观的制造革命。

参 考 文 献

[1]　周炳琨,高以智,陈倜嵘.激光原理[M].6版.北京:国防工业出版社,2009.

[2]　郑向明,郭锐,李语强,等.我国月球激光测距研究与进展[J].天文研究与技术,2007(3):231-237.

血管支架技术发展历史、现状与未来

黄 楠 陈 驰 田文杰*

血管支架作为血管介入治疗的最主要的器械，其技术起源至今已有近百年历史。它突破了心脑血管疾病只能通过药物治疗或外科手术治疗的局限，采用微创手术，将装载于递送装置上的血管支架，通过血管通道递送到狭窄甚至被堵塞的病变血管部位，释放并撑开血管，从而保持血管中的血流通畅，缓解甚至根本性改变因病变血管的严重狭窄或堵塞导致器官缺血与坏死，从而对冠状动脉粥样硬化、脑卒中、下肢缺血坏死等严重疾病实现有效治疗，成为医学科学技术领域一颗璀璨的明珠——血管支架介入医学技术。

血管支架介入技术的起源与发展历程

1929年，德国医生W. Forssmann将65厘米长的导尿管从左臂静脉推入自己的右心房并用X射线片清晰记录，这个惊世骇俗的实验被医学界斥为“疯狂”的举动，在之后十年被视为医学界的禁忌。直到二战期间，美国哥伦比亚大学的A. Cournand和D. Richards根据Forssmann的实验，成功地用导管检测先天性心脏病，成为先天性心脏病诊断的金标准。1956年，这三位先驱共获诺贝尔生理学或医学奖(图1)。

1953年，瑞典放射科医生Sven-Ivar Seldinger发明了经皮穿刺术，用空心针取代了传统切开暴露血管(图2)，使得导管技术真正具备了临床普及的可能。

* 黄楠，南方医科大学第十附属医院(东莞市人民医院)、西南交通大学教授。
陈驰，四川省人民医院主治医师。
田文杰，四川省人民医院主任医师。

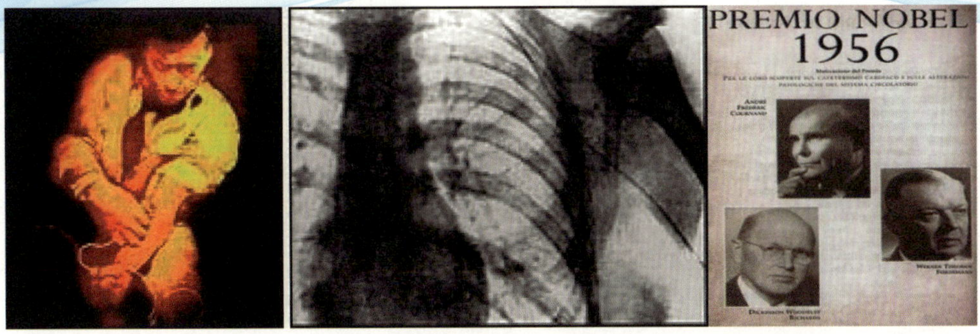

图1　W. Forssmann的首创介入实验及与A. Cournand和D. Richards共同获得诺贝尔生理学或医学奖

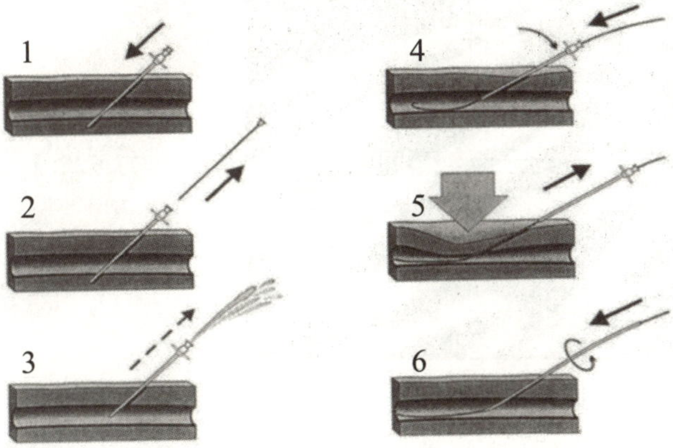

图2　血管穿刺技术使导管导丝实现微创沿血管递送

1964年，美国放射学家Charles Dotte发现导管通过病变部位后血流明显改善，这催生了经皮腔内血管成形术(PTA)，但当时采用的9F粗导管(直径约3 mm)导致高达30%的血管穿孔率。1977年，瑞士医生Andreas Grüntzig制作出世界上第一个双腔球囊导管(图3)，递送入38岁患者Adolf Bachmann严重狭窄的左前降支并扩张狭窄的血管，使原本85%的狭窄瞬间降至20%。这场手术让Adolf Bachmann多活了37年，开启了冠心病治疗的新纪元，真正奠定了现代血管介入治疗的基石。

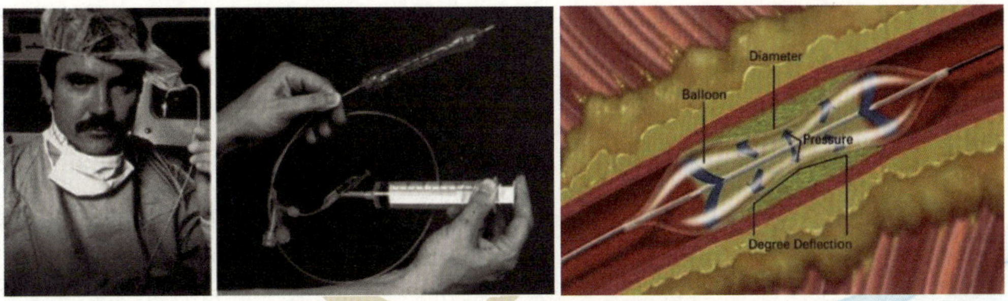

图3　Andreas Grüntzig医生及其发明的球囊

20世纪80年代，全球每年开展经皮冠状动脉腔内成形术(PTCA)手术从不足千例激增至20万例。1982年，John Simpson设计的超滑导丝使复杂病变通过率从50%跃升至90%；1985年，哈佛团队开发的灌注球囊允许手术时间延长至4小时；1988年，David Auth的冠脉旋磨装置让钙化病变不再是禁区。

然而，波士顿大学长达5年的追踪研究显示，PTCA手术后6个月再狭窄率达到了40%，这归因于血管弹性回缩、负性重构和内膜增生。1991年Julio Palmaz发明了球囊扩张式支架，用激光雕刻出网孔结构不锈钢圆管，由球囊递送到狭窄的血管处撑开并长期支撑血管，使血管支架正式诞生(图4)。

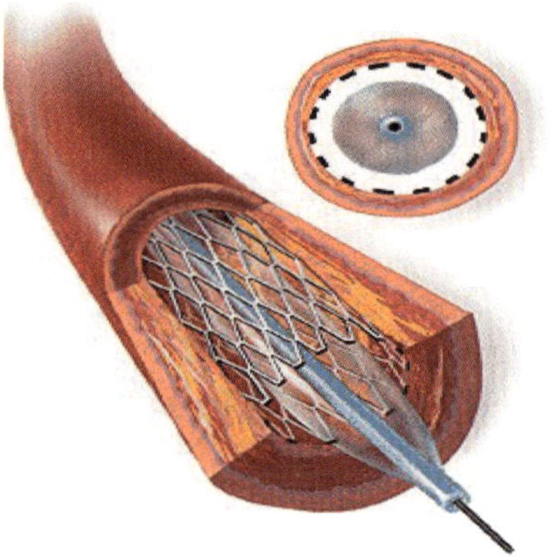

图4　Palmaz球扩式血管支架及介入血管的情形

1994年，美国食品药品监督管理局(FDA)批准了首个冠状动脉支架Palmaz-Schatz，这种金属支架的使用，将再狭窄率从球囊时代的40%降至28%。到世纪之交时，全球每年支架植入量突破百万。然而金属裸支架(BMS)的再狭窄率仍然过高。

2000年，波士顿科学公司在不锈钢裸金属支架表面制备了装载紫杉醇的涂层，使支架再狭窄率降低至10.8%，命名为Taxus支架。2001年，强生的药物涂层装载雷帕霉素的Cypher支架获欧盟批准。从此开启了现代血管支架介入技术全球性临床应用的新纪元。

2003年，强生公司发表的1100例患者的SIRIUS大型随机临床试验结果表明，Cypher药物洗脱血管支架(DES)术后9个月的随访结果显示DES组再狭窄率为8.9%，较裸支架下降了75%。

随着以Cypher和Taxus支架为代表的第一代药物洗脱血管支架的广泛应用，研究者发现，该种载药支架的晚期、极晚期血栓较裸支架显著增加，GW Stone等对4项Cypher和5项Taxus的临床试验分别进行荟萃分析后发现，1年以后Cypher和Taxus极晚期支架血栓发生率均较BMS显著增加。同时，其他研究也发现，DES患者支架血栓的风险在1年以后仍然平均以每年0.2%～0.4%的速度增加；一些研究者报道了DES的晚期追赶现象，即在3年及以上的时间里再狭窄会逐渐增加，接近甚至追赶上金属裸支架。

2008年，美国雅培公司采用聚甲基丙烯酸丁酯与偏二氟乙烯一六氟乙烯聚合物的混合物作为药物载体装载雷帕霉素的衍生物依维莫司，涂覆于钴合金支架表面，发展出Xience V血管支架，其载体虽然不降解，但具有较好的生物相容性，因而临床再狭窄和晚期血栓率较低。同时出现了采用可降解高分子载体（如聚乳酸PLLA、聚乳酸-羟基乙酸共聚物PLGA）装载药物以及将药物装载于金属支架表面的微米-纳米孔洞的无载体药物洗脱支架，被称为第二代药物洗脱血管支架，这类支架已成为临床应用的血管支架的主流器械。

进入21世纪第二个十年，出现了可降解的血管支架。2016年，体内完全降解的聚乳酸血管支架及含有7%稀土元素的镁合金血管支架分别获得美国FDA许可及欧洲CE认证，开始进入临床应用。2024年，德国Biotronik公司的第二代镁合金血管支架（其镁合金不再加入稀土元素，但加入6%的铝元素）进入临床。2025年，我国“十四五”规划收官之际，已有聚乳酸、镁基合金、铁基合金、锌基合金的可降解的血管支架进入临床应用或在临床试验中，人们对可降解的血管支架寄予对病变血管再生修复的期望。

血管支架的临床效果及其科学认知的演进

长期以来，血管支架介入的临床疗效是医学界、医疗器械产业界以及相关领域科研工作者极为关注的问题。2007年3月，《新英格兰医学杂志》刊发COURAGE试验，这项研究进行了优化的药物治疗（OMT）与优化的药物治疗加血管支架介入（OMT+PCI（经皮冠状动脉介入治疗））的对比：所有血管支架介入均使用金属裸支架（BMS）；主要终点设置为复合终点为死亡/非致死性心肌梗死，次要终点包括血运重建率与生活质量。2007年公布的4.6年随访结果如表1所示。对心绞痛的缓解：OMT+PCI组1年无症状率显著更高（66%相较于58%），但5年时差异消失；对血运重建率的影响：OMT+PCI组较OMT降低21%。

该项研究于2015年进一步公布了15年随访数据，如表1所示。

COURAGE试验的结论是：在SCD患者中优化药物治疗的基础上加用PCI，未能进一步降低死亡和心肌梗死风险或其他主要心血管事件的发生率，但明显降低了随访期间心绞痛和血运重建（PCI和冠状动脉旁路移植术）的发生率。

但是一些研究者指出：COURAGE使用了过时的支架技术（BMS），还一些人担心试验并没有真正地纳入最严重缺血的患者。

表1　血管支架介入与单纯药物治疗的大规模临床对比实验

临床试验	参加的医院	试验周期	支架种类	临床例数		死亡+心梗	
				支架+药物	药物	支架+药物	药物
COURAGE Ⅰ（2007年）	美国、加拿大35个医学中心	0～5年 平均4.6年	BMS 3% DES	1149	1138	19%	18.5%
COURAGE Ⅱ（2015年）	美国、加拿大35个医学中心	0～15年 平均11.9年	BMS 3% DES	613	598	49%	48%
ISCHEMIA（2020年）	37个国家的320个医学中心	0～5年 平均3.2年	DES 97.9%	2588	2591	15.5%	13.5%

为了回答COURAGE试验遗留下来的关键问题，2011年在美国国家心肺血液研究所支持下，由斯坦福大学医学院和纽约大学医学院牵头开展了“医疗和侵入性方法的健康效果国际比较研究”(ISCHEMIA)，从2012年开始，历时8年，在全球37个国家320个地点纳入了5179名中度至重度缺血的稳定性冠心病患者。实验分组及治疗方法与COURAGE试验类似，但血管支架采用了DES，在2019年11月16日美国心脏病学会年会上，Judith Hochman宣布，主要复合终点事件发生率无统计学差异，表明与最佳药物治疗相比，在药物治疗基础上进行DES介入治疗，不能使中重度心肌缺血的稳定性冠心病患者有更多获益。同时指出，该结论并不适用于患有急性心绞痛等患者(即急性冠心病患者仍然需要血管支架介入救治)。该实验在全世界心脏病学领域引起高度关注和热烈讨论，被誉为“里程碑式的试验”。

药物洗脱血管支架(DES)的临床局限性与原因分析

据上述实验结果，欧洲心脏病学会(ESC)指南将稳定性冠心病PCI推荐等级从Ⅰ类降至Ⅱa。DES介入治疗在临床性能上的局限性与DES的以下因素相关：

1. 药物缺乏选择性

DES装载的药物雷帕霉素和紫杉醇本质上是抗癌药物，其能通过有效地抑制血管支架置入病变血管部位的炎症反应和平滑肌细胞(SMCs)增殖，显著降低早期支架内再狭窄。然而，该类药物不具备细胞选择性，在抑制炎症和SMCs的同时也抑制了内皮祖细胞(EPCs)的生长，延迟了内皮化的进程，增加了晚期血栓发生的风险。除此之外，该类药物还被证实具有抑制患者EPCs分化的副作用，因此影响了EPCs在血管支架植入部位归巢和内皮化进程。尽管第二代DES多采用了雷帕霉素的衍生物，如依维莫司、比奥莫司、佐他莫司等优势，它们稳定性更好，释放周期更长，有更高的生物利用度、更低炎症反应等优势，但它们仍然不具有对细胞的选择性作用，仍然同时抑制内皮细胞和平滑肌细胞生长，延迟了内皮化。

2．载体的生物相容性不足

2003年上市的第一代药物洗脱型血管支架采用的药物载体是不可降解的高分子材料。如美国强生公司的Cypher支架，其载体为质量百分比为67∶33的乙烯-醋酸乙烯共聚物（PEVA）和聚甲基丙烯酸丁酯（PBMA）的混合物。而波士顿公司的Taxus支架药物载体则采用聚苯乙烯-异丁烯-苯乙烯共聚物。临床应用结果证明，在药物释放完后，由于这类不可降解的高分子材料生物相容性不足，是晚期血栓率高的主要诱因。有临床报道患者植入血管支架11年后发生了血管支架部位晚期血栓，也有报道显示血管支架植入1～2年后的患者发生了血管支架部位及支架远端内皮细胞层功能异常的并发症。

第二代血管支架的药物载体采用了可降解的高分子，如PLGA、PLLA，或生物相容性较好的聚甲基丙烯酸丁酯与偏二氟乙烯-六氟乙烯聚合物的混合物（雅培公司的Xience V），然而，它们的生物相容性仍然不够理想，例如PLLA、PLGA在降解中释放的乳酸分子具有促进炎症的作用。

3．血管支架材料生物相容性不足

316L SS、钴合金等应用于血管支架的金属材料表面与人体组织的生物相容性不足，以及Cr、Ni、Co等离子的长期在体内释放造成有害影响是不可忽视的。

本文作者进行了裸的316不锈钢血管支架材料及表面涂覆了具有优异生物相容性的Ti-O薄膜。做了316不锈钢试片在狗血管内的长期对比实验，将表面Ti-O涂层及未涂层的椭圆弧形316L SS材料试样（通过缝合线将其与血管内壁严密贴合）植入狗股动脉血管，7个月后对试片表面及血管组织进行分析发现：裸316L SS表面形成了血栓，其植入试样的血管段由于血栓形成被堵塞（图5(b1)），通过扫描电镜分析可以看出其表面有凝血块肌化形成的纤维状组织（图5(b2)），而表面Ti-O涂层改性的316L SS试样表面无血栓形成(图5(a1))，其表面被完整致密的内皮细胞层所覆盖（图5(a2)），置入试样的血管段通畅无血栓（图5(a1))。

对贴壁固定过试样的血管段切片分析发现，裸不锈钢试样下紧贴的血管壁表面发生了显著的组织增生（图6(b)的中膜、内膜与图6(a)对比）。而与镀有Ti-O膜的不锈钢试样下面接触的血管组织几乎未见增生，其内皮细胞层保持单层（图6(a))。

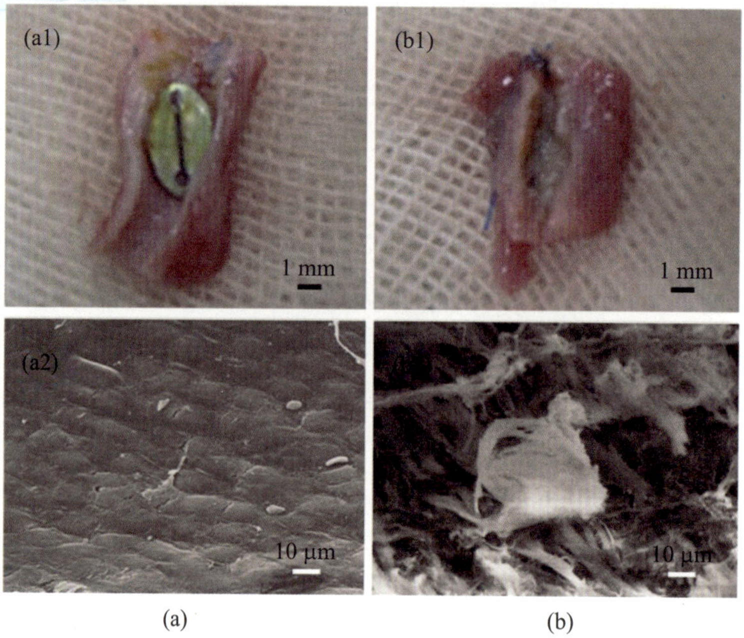

图5　Ti-O涂层改性前后，不锈钢试样置入狗股动脉220天的结果

(a)为Ti-O涂层改性不锈钢试样，(b)为裸不锈钢试样。动物实验整个过程中没有采用抗凝药物。(a1)、(b1)为试样及所在血管段的宏观照片；(a2)、(b2)为试样表面扫描电镜照片。

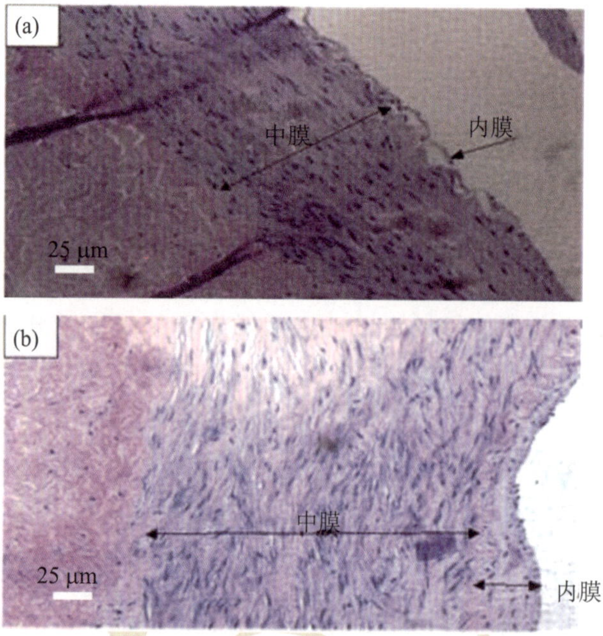

图6　所示样品所贴合的血管壁断面组织

(a)为Ti-O薄膜改性不锈钢试样贴合的血管壁断面；(b)为与裸不锈钢试样贴合的血管壁断面。

图5、图6的结果表明，血管支架材料表面的生物相容性不足，有害金属离子的释放对血管组织增生具有促进作用。

4. 血管支架对病灶产生的不利影响

虽然DES可通过释放抗增生药物（如紫杉醇、雷帕霉素及其衍生物）显著地降低早期血管再狭窄发生率，然而却导致了包括晚期、超晚期血栓、晚期内膜增生、血管瘤等一系列不良事件的增加。近年临床血管内检测的光学相干断层成像（OCT）表明，不论是临床经验还是科学研究报道，均显示越来越多的支架术后并发症（如晚期、极晚期再狭窄和晚期、极晚期血栓等）实质上（或多归为）是在血管支架位置重新形成冠脉粥样硬化，即“支架内新生冠脉粥样硬化”（ISNA）所致。Nakazawa等通过对299例尸检病例（197个BMS和209个DES）分析发现，无论BMS还是DES，ISNA均是不断进展的，与BMS相比，DES的ISNA发生率更高，发生时间更早，且更具有不稳定性。Otsuka等研究发现，即使是第二代DES在植入后也会发生ISNA，并且发生率与第一代DES植入结果相比并无明显差异。

临床中发现的另一问题是血管支架介入对非靶血管病变的影响，经皮冠状动脉介入治疗（PCI）后超过半数的再发心血管事件（MACE）是由非靶病变（NTLs）进展为新的罪犯病变所致。NTLs快速进展的病例常有较多动脉粥样硬化（AS）危险因素或多支血管病变，因此学者们将NTLs的进展归咎于患者本身的危险因素或基础病变。但是研究发现，稳定性冠心病PCI术后血清C反应蛋白（CRP）水平显著和持续升高，且CRP的升高与术后心血管事件的发生率显著相关。

基于上述，由于DES存在对血管病灶的长期的影响，在临床应用中尚不够理想，特别是针对稳定性冠心病患者，尚未获得优于药物治疗的疗效，因而，近十年来，可降解血管支架被认为是心血管介入治疗技术的新的里程碑。2016年，美国雅培公司的ABSORB聚乳酸可降解支架通过了美国FDA的批准。同期，德国Biotronik公司的镁合金血管支架获得欧洲CE认证。然而，在2016—2017年多次心血管医学国际会议上（如在第66届美国心脏病学会年会、美国2017经导管心脏病介入会议等），美国克利夫兰医学中心的Ali博士先后公布了ABSORB Ⅲ试验2年及3年随访结果，包括支架内血栓发生率等并发症发生率、死亡率，聚乳酸可降解血管支架显著高于Xience V不降解DES，从而导致雅培公司于2017年9月宣布其可降解支架退市。

血管支架技术的研究和发展任重而道远

我国研制的聚乳酸血管支架在雅培公司Absorb BVS血管支架基础上进行了改进，一方面通过支架结构设计尽可能减薄支架的厚度，另一方面严格采用PSP

介入方法(前扩+支架介入+后扩)和严格限制聚乳酸支架介入血管大于2.5 mm。其临床效果较雅培公司的Absorb BVS有所改善。

可降解血管支架在体内降解后血管的状态引起研究者的高度关注，Ciro Indolfi等提供了聚乳酸血管支架植入患者血管后5年的OCT图像，如图7所示，3年时仍可见血管支架的断面，5年时血管支架已完全消失。但是，其OCT图像显示血管的组织仍然不具有正常血管的外膜—中膜—内膜特征，表明该血管仍然不是正常血管状态。因而，现有可降解支架是否能够完全修复病变血管，什么时候能够修复血管，仍然需要进一步观察。

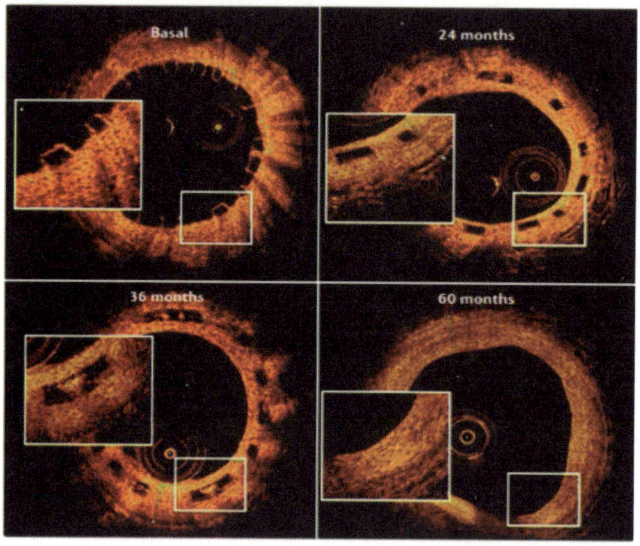

图7　聚乳酸血管支架介入病变血管至60个月的组织切片图

血管支架介入技术经历了百年发展，已使大量冠心病患者获得救治，但大规模统计研究表明，不降解的药物洗脱血管支架对占冠心病患者多数的稳定性冠心病的临床疗效尚未优于药物保守治疗，这与药物洗脱血管支架长期存在于病变血管影响血管环境有关。可降解血管支架被视为血管介入技术的新的里程碑，但仍有待获得长期和大量的临床数据。

现有血管支架技术和科学认识为发展更先进性能的血管支架奠定了基础，预期新一代的血管支架在生物相容性，对血管病灶作用的靶向性、支撑能力与降解行为的调控性，结合机器人和AI技术实现精准介入治疗等方面，将可赋予更理想的性能，彻底攻克人类动脉粥样硬化致命顽疾之路，“道阻且长，行则将至；行而不辍，未来可期”。

（致谢：本文受到国家自然科学基金项目(32371377、32171326、82470532)的支持。）

参 考 文 献

[1] Boden W E, O'rourke R A, Teo K K, et al. Optimal Medical Therapy with or without PCI for Stable Coronary Disease[J]. New England Journal of Medicine, 2007, 356: 1503-1516.

[2] Maron D J, Hochman J S, O'brien S M, et al. International Study of Comparative Health Effectiveness with Medical and Invasive Approaches (ISCHEMIA) Trial: Rationale and Design[J]. American Heart Journal, 2018, 201: 124-135.

[3] Stefanini G G, Holmes D R. Drug-eluting Coronary-artery Stents[J]. New England Journal of Medicine, 2013, 368(3): 254-265.

[4] Banerjee S, Xu H, Fuh E, et al. Endothelial Progenitor Cell Response to Antiproliferative Drug Exposure[J]. Atherosclerosis, 2012, 225(1): 91-98.

[5] Palmerini T, Biondi-Zoccai G, Della R D, et al. Stent Thrombosis with Drug-eluting Stents: is the Paradigm Shifting?[J]. Journal of the American College of Cardiology, 2013, 62(21): 1915-1921.

[6] Lee S Y, Hur S H, Lee S G, et al. Optical Coherence Tomographic Observation of In-stent Neoatherosclerosis in Lesions with more than 50% Neointimal Area Stenosis after Second-generation Drug-eluting Stent Implantation[J]. Circulation: Cardiovascular Interventions, 2015, 8 (2): e001878.

[7] Kosmidou I, Redfors B, Chen S, et al. C-reactive Protein and Prognosis after Percutaneous Coronary Intervention and Bypass Graft Surgery for Left Main Coronary Artery Disease: Analysis from the EXCEL Trial[J]. American Heart Journal, 2019, 210: 49-57.

[8] Ali Z A, Gao R, Kimura T, et al. Three-year Outcomes with the Absorb Bioresorbable Scaffold: Individual-patient-data Meta-analysis from the ABSORB Randomized Trials[J]. Circulation, 2018, 137(5): 464-479.

[9] 高润霖. 生物可吸收支架临床应用、研究及展望[C]//中华医学会第十九次全国心血管年会. 太原, 2017.

[10] Indolfi C, De Rosa S, Colombo A, et al. Bioresorbable Vascular Scaffolds: Basic Concepts and Clinical Outcome[J]. Nature Reviews Cardiology, 2016, 13(12): 719-729.

后　记

“先进材料科普丛书”是由多位院士、部分重点高校及科研院所一线科学家共同编撰的系列科普著作，旨在打造材料界科学普及的品牌，营造科学普及和文化传播的科学氛围，提升材料科学的研究水平，推动产业发展进度，扩大社会影响。

本书作为“先进材料科普丛书”之一，得到了材料界同仁们的大力支持，众多热心新材料研究、开发的专家学者为本书的撰写付出了辛勤的劳动；书中每篇文章的作者都认真撰写，反复修改，为打造科普著作精品倾情奉献，做了大量艰苦细致的工作，在此一并表示感谢。

本书部分图片摘引自网络、国内外图书和相关学术文献，因时间仓促无法与版权所有者一一取得联系。如有侵权，请版权所有者与本书副主编魏丽乔教授联系(邮箱:weiliqiaoty@163.com)，协商解决版权问题。

编　者

2025年3月